长 胜

22-35

绿隆星 4 号

美雅 3966

珍 妮

MK161

103

22−33

萨伯拉

日本优清台木砧木

卧底龙南瓜砧木

砧木苗去掉生长点

接穗处理

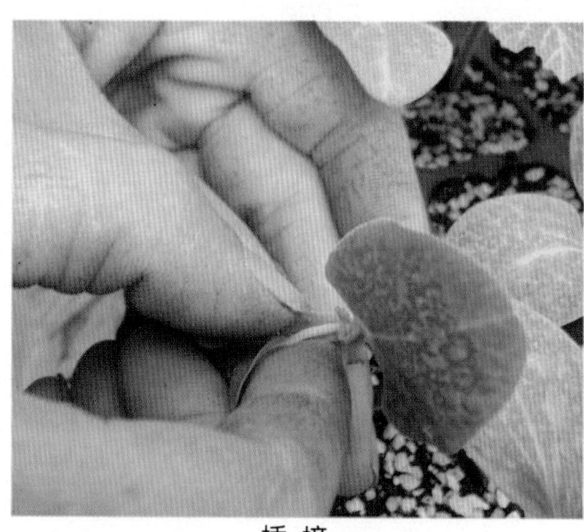
插 接

顶靠接

落 蔓

疏 瓜

花打顶

黄瓜植株营养不良（缺镁）

黄瓜霜霉病

果蔬商品生产新技术丛书

提高水果型黄瓜商品性栽培技术问答

王新文　编著

金盾出版社

内 容 提 要

本书由山东省寿光市农业局高级农艺师王新文编著，以问答方式对如何提高水果型黄瓜商品性的栽培技术作了通俗和较精确的解答。内容包括：水果型黄瓜主栽优良品种，嫁接优良砧木品种，穴盘嫁接育苗，黄瓜茬次安排，定植前的准备及定植技术，定植后的管理技术，生理障碍防治，病虫害防治，采收与销售等。全书紧密联系生产实际，内容丰富，重点突出，语言通俗简炼，技术先进实用，可操作性强，适宜基层农业技术人员和广大菜农阅读。

图书在版编目(CIP)数据

提高水果型黄瓜商品性栽培技术问答/王新文编著．-- 北京：金盾出版社，2012.1
(果蔬商品生产新技术丛书)
ISBN 978-7-5082-7100-2

Ⅰ.①提… Ⅱ.①王… Ⅲ.①黄瓜—蔬菜园艺—问题解答 Ⅳ.①S642.2-44

中国版本图书馆 CIP 数据核字(2011)第 155703 号

金盾出版社出版、总发行
北京太平路 5 号(地铁万寿路站往南)
邮政编码：100036 电话：68214039 83219215
传真：68276683 网址：www.jdcbs.cn
封面印刷：北京印刷一厂
彩页正文印刷：北京金盾印刷厂
装订：永胜装订厂
各地新华书店经销
开本：850×1168 1/32 印张：3.875 彩页：4 字数：85 千字
2012 年 1 月第 1 版第 1 次印刷
印数：1～10 000 册 定价：8.00 元

目　录

一、水果型黄瓜主栽优良品种

1. 密基特的特征特性及栽培要点是什么?

【品种来源】 由山东省寿光市润农农业服务中心从荷兰引进的一代杂交水果型黄瓜品种。

【特征特性】 该品种为纯雌性,植株健壮,每节结 1～2 个瓜,瓜长 16 厘米左右,单瓜重 100～130 克,瓜条圆柱形,果肉厚,顺直光滑,无刺,瓜色亮绿,光泽度好,瓜条生长迅速,产量高,耐贮运。高抗病毒病和白粉病及霜霉病、疮痂病等病害。为保护地专用品种,适宜日光温室各茬次种植,采取嫁接栽培。

【栽培要点】

(1)栽培方式 起垄大、小行定植,定植前每 667 平方米施腐熟农家有机肥 5000～6000 千克、三元复合肥 70 千克。每 667 平方米定植 2800 株左右。

(2)环境调控 ①温度。出苗前白天保持 25℃～30℃,夜间保持 15℃～18℃;出苗后白天保持 20℃～25℃,夜间保持 14℃～16℃。定植前进行低温炼苗。缓苗后白天保持 25℃～28℃,夜间 14℃～20℃。②光照。冬春季适当早揭晚盖草苫,增加光照时间。③湿度。土壤湿度以 85%为宜,空气相对湿度以 75%～85%为宜。

(3)肥水管理 黄瓜在开花结果期前以氮肥为主,开花结果期以钾、钙肥为主,冬天以有机肥为主,春天以冲施复合肥为主。

(4)植株调整 蔓伸长后及时吊蔓,蔓至顶时及时落蔓,及时摘去侧枝及 4～6 节以下的雌花,每株保留 15～20 片功能叶。雌花过多或花打顶时,可疏去部分雌花,以增强植株生长势。同时注意及时防治病虫害。

2. 诺利的特征特性及栽培要点是什么?

【品种来源】 从荷兰引进的优良品种。

【特征特性】 为全雌性水果型小黄瓜,无限生长型。早熟,植株生长势紧凑,生长势强,抗逆性强。主蔓结瓜,节间短,每节1～2个瓜,节节有瓜,瓜长18厘米左右,连续坐果能力强。果实颜色深绿,富有光泽,口味甘甜,产量极高,耐寒性强。高温高湿下坐果能力强。高抗黄瓜花叶病毒病,抗霜霉病、枯萎病、白粉病等病害。适合秋延迟栽培、越冬栽培、早春栽培及越夏栽培。

【栽培要点】

(1)栽培方式 定植前要精细整地,大量施用有机肥。一般每667平方米施腐熟的有机肥6000千克以上,再补施复合肥50～80千克,做成垄,垄宽1～1.2米,种两行。苗龄为25～30天、具4～5片真叶时定植。定植穴内每穴施用0.2千克含多黏芽孢杆菌的生物有机肥。定植密度为每667平方米栽植2800～3000株。定植后立即浇缓苗水,使苗坨与垄土紧密接合,以利于根系发展。

(2)环境调控 ①温度。发芽适宜温度为24℃～26℃。正常温度下播种一般经4天出苗,出苗后,白天保持23℃～28℃,夜间保持在16℃～18℃。定植一周内,白天25℃～30℃,夜间18℃～20℃。缓苗后要降低温度,白天22℃～28℃,夜间16℃～18℃。②光照。夏季高温易产生生理障碍,一定要加盖遮阳网。③湿度。适宜的土壤湿度为最大土壤持水量的60%～90%,苗期为60%～70%,成株为80%～90%。黄瓜的适宜空气相对湿度为60%～90%。理想的空气湿度是:苗期低,成株高;夜间低,白天高。

(3)肥水管理 定植后3～4天浇一次较小的缓苗水,以促进缓苗。缓苗水后再浇水时,每水带肥,每667平方米冲施尿素10

千克，隔 5～7 天浇一次水。结果期要每周叶面喷施一次磷酸二氢钾。

(4)植株调整 黄瓜长至 6～7 片叶时，应及时吊蔓，基部出现侧蔓应及时去掉，以免影响主蔓结瓜。中部出现的侧蔓要在坐瓜前留 2 叶摘心，以利于坐瓜。对下部开始失去功能的老叶、病叶要及时打掉，把蔓下降，以利于改善室内光照条件。当主蔓长到架顶时就要打顶，以促进多结回头瓜。同时注意及时防治病虫害。

3. 塞维斯的品种特性及栽培要点是什么？

【品种来源】 从以色列海泽拉种子公司引进的优良品种。

【特征特性】 耐热，产量高，果实品质好，坐果能力强。瓜长 16～17 厘米，单瓜重 70～80 克，瓜圆柱形，果色暗绿色，光滑无刺。每 667 平方米定植 2500～2800 株为宜。高抗黄瓜白粉病、小西葫芦黄化花叶病毒(ZYMV)、黄瓜叶脉黄化病毒(CVYV)。适宜早春、越夏及秋延后栽培，是当前水果型黄瓜理想的栽培品种。

【栽培要点】

(1)嫁接育苗 砧木选用黄籽南瓜。

(2)定植 大小行起垄定植，定植前施足基肥，每 667 平方米用腐熟有机肥 6000 千克，含多黏芽孢杆菌的生物有机肥 100 千克。每 667 平方米栽植 2500～2800 株，定植后应及时浇透定根水，覆土不能高于子叶，以与土坨持平为宜。

(3)环境调控 ①温度。适宜黄瓜生长发育的温度为 15℃～29℃，黄瓜喜温又不耐低温，但需要一定的温差。一般白天为 25℃～30℃，夜间为 13℃～15℃，昼夜温差以 10℃～17℃为宜，最理想的昼夜温差在 10℃左右。②光照。尽量早揭晚盖草苫，以延长光照时间；清洁塑料薄膜；把温室的内墙全部刷白，或在墙上张挂镀铝反光幕，把照在墙上的阳光反射到后排黄瓜植株上，以此增加光照强度。有电力条件的地方,可安装生物效应灯,进行人工补光。夏季高温、强光时加盖遮阳网降低光照强度,以免影响花芽分化或产生生理障碍。③湿度。土壤湿度以85%左右为宜;白天空气相对湿度为80%,夜间为90%。

(4)肥水管理 黄瓜生长发育关系较大的营养元素为氮、磷、钾、钙、镁等。吸收量以钾最多,其次为氮、磷、钙、镁,其中钾的摄入量集中在中后期,氮则集中在生长前期,而磷在播种后20～40天需求量增大,钙和镁的需求随着生育期的延长而增加。为延长黄瓜的采收期,在根外追肥的同时,还应进行叶面追肥,每隔10天左右施一次。

(5)植株调整 及时摘除卷须,减少无效营养消耗,适时疏果,增强植株生长势。建议在至少6片叶以上开始留瓜,以增加周期产量,防止植株早衰,提高抗逆性。在落蔓后每株要求留13～16片绿色功能叶,及时剪除老化、黄化叶片,以利于田间通风透光,减少病害的发生。

(6)病虫害防治 在整个生长季节中,注意预防霜霉病、灰霉病、蚜虫、蓟马、斑潜蝇等病虫害。

4. 斯托克的特征特性及栽培要点是什么?

【品种来源】 从以色列海泽拉公司引进。

【特征特性】 该品种是以色列海泽拉公司生产的新品种,是新一代无刺小黄瓜的代表品种。经过连续三年的试验示范,该品种表现出非常明显的优势:瓜长15～18厘米,耐热、耐寒、高抗病毒;果实暗绿色、光滑无刺,高度整齐;抗死棵,不封头,产量极高,每667平方米产量高达20000千克以上。适于春季、越夏及冬季种植。

【栽培要点】

(1)栽培方式 定植前要精细整地,大量施用有机肥。一般每

667平方米施腐熟有机肥5～8立方以上，再补施复合肥50～80千克，做成垄，垄宽1～1.2米，种两行。2～4片真叶时定植，苗龄25～30天左右。每667平方米栽植2500～3000株。定植后立即浇缓苗水，使苗坨与垄土结合，以利于根系发展。

(2)环境调控 ①温度。发芽适宜温度为24℃～26℃。如温度过高，发芽快，但胚芽细长；温度过低，出芽慢，甚至烂种。在正常温度下播种一般经4天出苗，出苗后，白天保持在23℃～28℃，夜间保持在16℃～18℃。定植后一周内，白天保持25℃～30℃，夜间保持18℃～20℃，不超过30℃不通风；缓苗后要降低温度，白天保持22℃～28℃，夜间保持16℃～18℃。②光照。夏季高温、强光，易产生生理障碍，一定要盖遮阳网。冬季早揭晚盖草苫，以延长光照时间。③湿度。白天空气相对湿度保持在70%～75%，夜间以80%～90%为宜。

(3)肥水管理 黄瓜苗期应经常保持土壤湿润。苗床干旱需浇水时，应选晴天上午进行，浇水后要注意通风，以降低空气湿度。注意控制浇水次数，因浇水过多易降低苗床温度和引起病害发生。苗床在施足基肥的情况下，一般不必追肥。进入结瓜期后肥水供应要充足，一般是以水带肥，化肥和粪稀交替使用，化肥以尿素、磷酸二铵为主。但要小水勤浇，肥料要勤施少施，严禁大水漫灌。在这个阶段，还可以进行叶面喷肥，特别是连续阴雨天，根外追肥可保证植株生长发育的需要，其配方为0.5%尿素、0.3%磷酸二氢钾及各种营养素如绿风95、喷施宝等。有条件的可适当进行二氧化碳施肥，浓度为750毫克/千克，黄瓜产量将增加20%左右。

(4)植株调整 黄瓜植株长到30厘米左右搭架，在大棚内系上吊绳，用细绳将黄瓜的蔓与吊绳捆在一起，并随瓜蔓的生长7～10天绑一次。黄瓜以主蔓结瓜为主，侧蔓应及时摘除，后期摘除主蔓下部的老叶、病叶、畸形瓜、卷须，以改善通风透光条件。

(5)病虫害防治 黄瓜的主要病害是霜霉病、枯萎病和白粉病，主要虫害是斑潜蝇和蚜虫，要注意加强综合防治。

5. 冬秀的特征特性及栽培要点是什么？

【品种来源】 引自法国威迈种子公司。

【特征特性】 为全雌性水果型黄瓜。单花性，每节均可坐瓜，生长势旺盛，节间短。瓜条深绿色，有光泽，口味清香甜脆。瓜长15厘米左右，抗白粉病和霜霉病，产量高。适宜秋延后、越冬及早春温室栽培。

【栽培要点】

(1)栽培方式 春茬和秋冬茬栽培最好选用嫁接育苗。秋冬茬育苗时间为10月中下旬，选用采光好、保温好、严冬最低温度不低于8℃的棚室栽培。每667平方米施腐熟鸡粪8～10立方，磷酸二铵50～80千克，或三元复合肥80～100千克。做小高畦，畦宽70～80厘米，走道宽60～70厘米，选晴天上午垄上挖穴定植，穴距30厘米，棚前部密些，后部稀些，每667平方米栽3000株。浇足水，中耕3～4次。根扎下后铺地膜。

(2)环境调控 ①温度。定植后棚温白天保持28℃～32℃、夜间保持20℃以上。缓苗后白天棚温为25℃～27℃、夜间保持15℃～20℃，温度超过30℃开始通风。②光照。在后墙上张挂反光幕，清扫棚膜尘埃，及时除去膜上的雾滴。晴天早揭草苫，适当晚盖，以揭开草苫不降温为宜。注意连阴数日后突然转晴时必须给植株喷水，遮花荫。③湿度。缓苗后，土壤湿度保持在70%～80%，空气相对湿度保持在75%～85%，冬季要尽量降低棚内湿度，以防止病害发生。

(3)肥水管理 定植时浇足水，待根瓜长到10厘米左右时再浇水，去掉5节以下的小黄瓜。初瓜期3～5天浇一次水，浇两次水施一次肥，施肥要氮磷钾配合。严冬时10～15天浇一次水。待气温回升时，4～5天浇一次水。盛瓜期每667平方米施复合肥

20～30 千克，加尿素 20 千克。结瓜期叶面喷 0.3%磷酸二氢钾或糖氮醋药液防病，每 7 天喷 1 次，连喷 3～5 次。糖氮醋液配方：糖 50～100 克、尿素 50～75 克、食醋 35～50 克、90%乙磷铝 10～15 克，对水 50 升。气温超过 30℃时通风，可补充二氧化碳气肥，以提高黄瓜品质和抗病性。

(4)植株调整 秧苗长至 30～40 厘米时及时吊蔓，去掉卷须和雄花，摘除老黄叶和病叶，及时落蔓盘秧，保留 13～15 片功能叶。秋冬茬黄瓜利用采收嫩瓜进行植株调整：生长势弱的，应早收；长势强的，可适当晚收。气温降低后，要轻收，并可适当延长后采收。秋冬茬黄瓜因生长季节内温度低、日照时间短，有利于雌花分化，应及早采收，并适当疏花疏果。

(5)病虫害防治 黄瓜病害主要有白粉病、霜霉病、细菌性角斑病等，虫害有潜叶蝇和蚜虫等。黄瓜病虫害防治要坚持预防为主，综合防治的方针，确保植株健壮生长。

6. 迪多的特征特性及栽培要点是什么？

【品种来源】 由山东省寿光市信誉种子站引自荷兰。

【特征特性】 全雌性水果型小黄瓜，抗逆性强。植株节间短，每节 1～2 个瓜，瓜深绿色，瓜条匀直，表面光滑有光泽，长 16～18 厘米，口感好。抗黄瓜花叶病毒病、霜霉病、枯萎病和白粉病等病害。适合四季栽培。

【栽培要点】

(1)栽培方式 定植前要精细整地，大量施用有机肥。一般每 667 平方米施腐熟有机肥 6 立方以上，再补施复合肥 50～80 千克，做成垄，垄宽 1～1.2 米，每垄种两行。幼苗具 4～5 片真叶时定植，苗龄为 25～30 天。定植密度为每 667 平方米栽植 1800～2200 株。定植后立即浇缓苗水，使苗坨与垄土紧密接合，以利于根系发展。

(2)环境调控 ①温度。发芽适宜温度为24℃～26℃。在正常温度下播种一般经4天出苗，出苗后，白天保持23℃～28℃，夜间保持16℃～18℃。定植一周内，白天保持25℃～30℃，夜温保持18℃～20℃。缓苗后要降低温度，白天保持22℃～28℃，夜间保持16℃～18℃。②光照。由于夏季高温易产生生理障碍，所以一定要加盖遮阳网。③湿度。适宜的土壤湿度为土壤最大持水量的60%～90%，苗期为60%～70%，成株为80%～90%。黄瓜的适宜空气相对湿度为60%～90%。理想的空气湿度是：苗期低，成株高；夜间低，白天高。

(3)肥水管理 定植后3～4天浇一次较小的缓苗水，以促进缓苗。缓苗水后再浇水时，每次浇水同时冲施肥，每667平方米冲施尿素10千克，隔5～7天浇一次水。结瓜期每周要叶面喷施一次磷酸二氢钾。

(4)植株调整 黄瓜长至6～7片叶时应及时吊蔓，将基部出现的侧枝及时去掉，以免影响主蔓结瓜。中部出现的侧蔓要在坐瓜前留2叶摘心，以利于坐瓜。对下部开始失去功能的老叶、病叶要及时打掉，把瓜蔓下降，以利于改善室内光照条件。当主蔓长到架顶时就要打顶，促进多结回头瓜。同时，注意及时防治病虫害。

7. 201小黄瓜的特征特性及栽培要点是什么？

【品种来源】 引自荷兰。

【特征特性】 为杂交一代纯雌性短黄瓜。植株健壮，生长势稳健，以主蔓接瓜为主，节节坐瓜。每节结2～3个瓜，品质极佳，瓜长15厘米左右；高产，耐低温和弱光，耐白粉病。适宜长江以北等地区秋、冬、春保护地栽培。

【栽培要点】

(1)栽培方式 每667平方米定植2500株左右，高垄双行栽植，畦面宽1～1.2米，垄高20厘米，株距40～50厘米。

(2)环境调控 ①温度。定植一周内白天保持25℃～30℃，夜间保持18℃～20℃，不超过30℃不通风。缓苗后要降低温度，白天保持22℃～28℃，夜间保持16℃～18℃。②光照。尽量延长光照时间，增加光照强度，以提高室内温度，促进植株的光合作用，使植株旺盛生长、结瓜。注意正确揭盖草苫，晴天时草苫要早揭晚盖，延长光照时间；若遇雨雪天气，只要揭苫后室内气温不下降，就应正常卷放草苫，使植株能够利用太阳散射光进行光合作用。下雪天连续数日未揭草苫，雪后骤晴，光照很强，应避免突然揭开草苫导致黄瓜在强光照射下失水萎蔫，可在上午或下午光照弱时揭开草苫，在中午强光照射下应暂时盖苫遮荫。③湿度。适宜的土壤湿度为土壤最大持水量的60%～90%，黄瓜的适宜空气相对湿度为60%～90%。

(3)肥水管理 定植后3～4天浇一次较小的缓苗水促进缓苗，缓苗后再浇水时，要每浇一次水连带施肥，每667平方米冲施尿素10千克，以后每隔5～7天浇一次水。结瓜期每周叶面喷施一次0.2%～0.3%磷酸二氢钾溶液。

(4)植株调整 黄瓜长至6～7片叶时，应及时吊蔓；对基部出现的侧蔓应及时去掉，以免影响主蔓结瓜；对中部出现的侧蔓要在坐瓜前留2片叶摘心，以利于坐瓜；对下部开始失去功能的老叶、病叶要及时打掉，把蔓下降，以利于改善室内的光照条件。

(5)病虫害防治 注意防治霜霉病、灰霉病和美洲斑潜蝇等。

8. MK160的特征特性及栽培要点是什么？

【品种来源】 引自荷兰德澳特种业(De Ruiter Seeds NL. B. V)。

【特征特性】 植株生长势中等，膨瓜速度快，产量高。瓜长度15～17厘米，表面光滑无刺，瓜条颜色好。抗黄瓜花叶病毒病、黄瓜霜霉病、黑星病和白粉病等多种病害。适宜拱棚、日光温室早春、越夏、秋延后栽培。

【栽培要点】

(1)栽培方式 宜采取大小行、起垄栽培。以植株具4片叶时定植为宜。定植前3～5天左右灌水造墒，每667平方米施腐熟有机肥5000～8000千克，栽植2500～2800株，定植后应及时浇透定根水，覆土不能高于子叶，以与土坨持平为宜。

(2)环境调控 ①温度。适宜黄瓜生长发育的温度为15℃～29℃，黄瓜喜温又不耐低温，但需要一定的温差，一般白天保持25℃～30℃，夜间保持13℃～15℃，昼夜温差以10℃～17℃为宜，最理想的昼夜温差为10℃左右。②光照。尽量早揭、晚盖草苫以延长光照时间，清扫塑料薄膜；把温室的内墙全部刷白，或在墙上张挂镀铝反光幕，把照在墙上的阳光反射到后排黄瓜植株上，以增加光照强度。有条件的可安装生物效应灯进行人工补光。夏季高温、强光时，覆盖遮阳网以降低光照强度，以免影响黄瓜花芽分化或产生生理障碍。③湿度。土壤湿度以85%左右为宜，白天空气相对湿度保持80%，夜间保持90%。

(3)肥水管理 对黄瓜生长发育影响较大的营养元素为氮、磷、钾、钙、镁等。黄瓜吸收的钾最多，其次为氮、磷、钙、镁，其中钾的摄入量集中在中后期，氮则集中在生长前期，在播种后20～40天对磷的需求量增大，钙和镁的需求随着生育期的延长而增加。为延长黄瓜的采收期，在根外追肥的同时，还应进行叶面追肥，每隔10天左右追施一次。

(4)植株调整 及时摘除卷须，减少无效营养消耗；适时疏果，增强植株长势。最好在至少6片叶以上开始留瓜，以增加周期产量，防止植株早衰，提高抗逆性。落蔓后每株要求留13～16片绿色功能叶，及时剪除老化、黄化叶片，以利于田间通风透光，以减少病害发生。

(5)病虫害防治 在黄瓜的整个生长季节中，注意预防霜霉病、灰霉病和蚜虫、蓟马、斑潜蝇等害虫。

9. 贝隆(BELRON)的特征特性及栽培要点是什么?

【品种来源】 由山东寿光市绿丰种子有限公司育成。

【特征特性】 为全雌性无刺水果型黄瓜新品种。植株生长旺盛,耐高温、低温、弱光能力强。早熟,节间短,以主蔓结瓜为主,节节有瓜。瓜长15～18厘米,表面光滑,产量高。高抗病毒病。适宜秋延迟、越冬、早春及越夏栽培。

【栽培要点】

(1)栽培方式 采用黄籽南瓜嫁接育苗。实行高垄双行定植,每667平方米定植3000株左右。定植前,每667平方米施腐熟的优质有机肥5000千克、精制生物有机肥200千克并配施过磷酸钙50～100千克、硫酸钾50千克,深翻后整平起垄栽植。

(2)环境调控 ①温度。缓苗前不通风,白天棚温保持28℃～30℃,夜间保持15℃～18℃。缓苗后至结瓜前,白天棚温保持25℃～28℃,夜间保持12℃～15℃。②光照。冬春季节适当早揭晚盖草苫,以增加光照时间。③湿度。适宜土壤湿度为60%～90%,苗期为60%～70%,成株期为80%～90%。黄瓜的适宜空气相对湿度为60%～90%。

(3)肥水管理 定植后3～4天浇一次缓苗水,要浇小水。摘第一次瓜后可追施一次肥,每667平方米施三元复合肥25～35千克,低温期一般为18天左右追施一次肥,一般追施有机肥或生物肥30～45千克。

(4)植株调整 8节以下一般不留瓜,以促植株生长健壮。用尼龙绳或塑料绳吊蔓,使龙头离地面始终保持在1.6米左右。随绑蔓将卷须、雄花及下部的侧枝去掉。深冬季节,可适当疏掉部分幼瓜或雌花。同时,要及时防治病虫害。

10. 长胜的特征特性及栽培要点是什么?

【品种来源】 该品种原产地荷兰,由山东省寿光市金园种苗有限公司引进。

【特征特性】 为杂交一代纯雌性系品种。植株健壮,生长势旺盛。以主蔓结瓜为主,每节结1～2个瓜。瓜长15～18厘米,直径3厘米。单瓜重120～180克,瓜条顺直光滑、无刺。颜色深绿,光泽度好,肉厚、货架期长,口味清脆鲜嫩。产量高,抗病性强,耐白粉病、霜霉病和枯萎病。适宜早夏、秋延后、越冬及早春保护地栽培。

【栽培要点】

(1)栽培方式 定植前7～10天施入腐熟5立方的鸡粪和4立方牛粪,复合肥50千克,而后深翻一遍,深度为25～30厘米(深翻可以打破犁底层,但应逐年进行),使肥料和土壤充分结合,接着起垄闷棚提高地温(晚上要放草苫,防止夜间地温散失)。起垄分大、小行,大行宽80厘米、小行宽60厘米(为了便于操作管理,建议大行宽90厘米、小行宽50厘米),株距45厘米。定植应选择在晴天上午进行,而且定植后最好能遇上几个连续晴天。定植时应选无病虫的壮苗,定植不宜过深,但也不宜过浅,以苗坨完全被埋住为宜(但不能堆大土堆,否则会使秧苗根际缺水)。定植水要少浇,可点水活棵,最好采用温水或棚内预热水。

(2)环境调控 ①温度。定植后前几天不要通风,尽量提高棚内温度,并保持棚内较高湿度,白天棚温可达到33℃～35℃,夜间达到16℃以上。如白天温度过高,可适当放草苫遮荫,以降低棚内温度,但绝不能通风。缓苗后,定植后5～7天,新叶开始生长,可以逐渐降低棚内温度,白天保持26℃～30℃,夜间保持16℃。对于有徒长趋势的秧苗,夜温可降至12℃左右,必要时可适当控水和采用植物生长调节剂控制,但地温应尽量保持较高一些。开始结瓜的头20天是结瓜初期，在管理上应偏向于促秧，为盛瓜期打下基础，此期温度开始回升，植株极易徒长，在管理上应采取常温管理法，即晴天上午保持25℃～28℃，不超过30℃，夜间可以适当晚盖草苫，夜温保持在13℃以上。进入4月份盛果期，可适当提高白天温度，将温度控制在32℃以下，同时要保持一定的湿度，尽量拉大温差，使昼夜温差在10℃～15℃。随着温度的升高，夜间草苫的揭盖可以由全盖改为盖一半，上半夜保持在15℃以上，当外界气温稳定在12℃以上时即可不盖草苫，而且下午要晚通风以免夜温过高。随着温度的升高，外界温度稳定在14℃以上时晚上便可彻夜通风。在温度可以控制的情况下，尽量晚揭或不通底风。②光照。进入5月中下旬，如中午温度过高时可以适当盖遮阳网降温。③湿度。缓苗后土壤湿度保持在75%～85%，冬季要通过膜下暗灌，采用烟雾剂等措施尽量降低棚内空气湿度，以减少病害的发生和蔓延。

(3)肥水管理 定植后第三天(视天气情况)分株浇水一次，同时加入霜霉威1000倍液和多菌灵或敌磺钠500倍液防治根部病害。灌根2～3天后定植穴略干时，要及时封垄，封垄不宜太深，封垄前先用小铲将定植穴铲松，而后用湿土覆在根基部。缓苗后选晴天上午浇一次透水，待表土略干时划锄1～2次，这次浇水后一直到坐果前不缺水便不再浇水(要对小弱苗单株浇磷酸二氢钾肥水500倍液)。黄瓜根系浅，叶片大，蒸发量大，需要较高的空气湿度和土壤湿度，所以肥水一定要足，但黄瓜耐盐性差，浇肥不能太多，最好是肥水和清水交替进行。当黄瓜叶柄与主蔓夹角大于45°时说明缺水，应及时浇水。掌握第一次浇肥水的时机非常重要，浇早会发生“疯秧子”，浇晚了可能出现瓜坠秧现象。对生长正常的植株应在大部分根瓜开始采收时追肥。若植株生长势旺，可推迟采收，并延缓追肥，追肥以钾肥为主；若植株长势弱，应提前采摘并及早追肥，追肥可适当添加氮肥提苗。前期最好选择在上午地温较低时浇水;中后期温度较高时,最好在傍晚浇水,这样可以降低夜间温度。结瓜期正常植株形态表现:一是卷须粗壮,伸长后与主茎呈45°角,叶片手掌状上竖,叶柄与主茎夹角为45°;二是雌花斜向下开放,花大,呈鲜黄色;三是可采收的瓜距生长点1.4米,开放的雌花距顶端约50厘米,其间有4～5片叶展开,茎粗为1厘米左右,节间平均长度为8～10厘米。

(4)植株调整 黄瓜采取单蔓落秧法栽培。当植株长有6片真叶、卷须开始出现时,要及时吊蔓。吊蔓时吊绳不要拉得太紧,用活扣绑在子叶下部,并按顺时针方向将植株缠绕在吊绳上,同时摘去已长出的卷须,对于下部侧枝不要太早打去,待侧蔓长到5～6厘米时再打掉(上部侧蔓要及时打掉);根据植株生长势选择留瓜节位,一般情况下第七节开始留瓜,植株旺则早留,植株弱则晚留,并把不准备留的幼瓜及时打掉,但尽量不要伤及子叶。以后随着植株生长及时缠头,打杈,去卷须。当植株长到铁丝后要及时落蔓,每次落蔓不要太多,以30～50厘米为宜,使植株保持150～180厘米高度。落蔓应选择晴天下午进行,因为上午植株内含水量较大,落蔓时茎秆易折断。在落蔓前2天应适当控水,选择晴天上午打去下部老叶,打叶时要紧靠主蔓打掉,不要留茬子,以防止感病。每次打叶不要过多,以2～3片为宜,每株尽量保持16片以上的功能叶。

(5)病虫害防治 黄瓜病害主要有霜霉病、黑星病、白粉病和枯萎病等,其虫害主要有潜叶蝇、白粉虱和蚜虫等。

①*潜叶蝇防治方法* 每667平方米喷5%氟虫腈悬浮剂50～100毫升或40%仲丁威·稻丰散乳油600～800倍液,防治时间掌握在发生高峰期,每隔5～7天喷1次,连续防治2～3次。

②*白粉虱防治方法* 当平均每株有成虫2.7头和6.6头时,用25%噻嗪酮可湿性粉剂100毫克/千克和200毫克/千克喷1～2次。当每株有成虫19.5头时用噻嗪酮100毫克/千克和联苯菊

酯5毫克/千克混用喷2次。

③瓜蚜防治方法　可用0.65%茼蒿素100毫升加水30～40升喷洒，或用韶关霉素200倍液加0.01%洗衣粉或2.5%鱼藤精乳油600～800倍液，或用烟草水(烟：水=1：30或1：40)喷洒。为了彻底防治以上各种害虫，应设置合格的防虫网，及时发现及时防治，首选方法为物理和生物防治，把虫子消灭在点片发生阶段。大发生时期可选择必要的化学防治。

④病害防治方法　霜霉病的防治可用以45%的百菌清烟雾剂或64%杀毒矾可湿性粉剂400倍液防治效果较好；白粉病发生前及初发期用45%百菌清烟剂熏棚，发现后可用20%粉锈宁2 000～3 000倍液、40%敌唑铜400倍液、50%硫磺悬浮剂250倍液喷雾；防治黑星病可用相当于种子重量0.4%的50%多菌灵可湿性粉剂拌种，效果较好。药剂防治，可选用50%多菌灵可湿性粉剂600倍液或75%百菌清可湿性粉剂600倍液进行喷雾防治；防治枯萎病可在播种或定植前用25%多菌灵可湿性粉剂500倍液淋洒或做成药土施入播种沟或定植沟内，定植后再用50%多菌灵可湿性粉剂1 500倍液灌根，发病初期用50%甲基硫菌灵可湿性粉剂400倍液或农抗120杀菌剂100毫克/升灌根。

11. 绿隆星四号的特征特性及栽培要点是什么？

【品种来源】　原产地辽宁，由山东省寿光市绿兴种苗发展中心引进。

【特征特性】　为保护地专用的白皮白刺早黄瓜，属一代杂交种。瓜形长棒形，瓜条顺直，较少出现尖嘴瓜和弯瓜，商品率高，商品性好。瓜色嫩绿偏白，色泽美观诱人，瓜皮不易变色老化，口味好，市场售价高。瓜长22厘米左右，单瓜重120～140克。植株瓜长势强，雌性系，第一雌花着生在3节左右，侧蔓发生率高，为主侧蔓结果兼用型。抗病性强，耐霜霉病，抗枯萎病和白粉病，植保费用低。每667平方米产量可达1万～1.5万千克，种植效益高。嫁接栽培产量高达25000千克左右。该品种是深圳，武汉、北京、天津等市、东北三省以及胶东半岛客户的抢手产品。该产品比同期密刺黄瓜价格高，产量也高。适于春秋保护地及冬春日光温室栽培。

【栽培要点】

(1)栽培方式 适期播种，采用嫁接育苗，苗龄30天左右。第二片真叶展开时给予低温和短日照处理，培育壮苗，促进雌花分化。因该品种雌性合理，不需要喷施增加雌花的植物生长调节剂。定植前7～10天施入6～8立方腐熟鸡粪和三元复合肥50千克。起垄分大小行种植，大行70厘米，小行60厘米，株距33厘米。

(2)环境调控 ①温度。一般白天控制在25℃～28℃，夜间控制在14℃～18℃，最低温度不低于10℃～12℃。②光照。管理中应注意正确揭盖草苫，晴天时草苫要早揭晚盖，以延长光照时间；若遇雨雪天气，只要揭苫后室内气温不下降，就应正常揭盖草苫，使植株能够利用太阳散射光进行光合作用；因下雪连续数日未揭草苫，遇雪后骤晴，光照很强，则应避免突然揭开草苫，防止黄瓜在强光照射下失水萎蔫，可在上午或下午光照弱时揭开草苫，中午强光下应暂时盖苫遮荫。每日揭开草苫后，要用拖布擦净棚膜上的灰尘、草屑和水滴，注意保持棚膜清洁，以增大薄膜的透光率。此外，低温季节在栽培畦北侧张挂镀铝反光幕，可明显增强光照，一般可使日光温室北部增加光照50%左右。③湿度。适宜的土壤湿度为土壤最大持水量的60%～90%，苗期为60%～70%，成株期为80%～90%。黄瓜的适宜空气相对湿度为60%～90%。

(3)肥水管理 生长期内定期喷施保护性优质杀菌剂及叶面肥，以防治各种病虫害。追肥要少量多次，增施氮、磷、钾肥和微量元素肥。

(4)植株调整 在植株具7片叶以上留瓜，7片叶下部的瓜摘除，及时采收根瓜。严冬季节一定要及早疏瓜，每1～2片叶留1

个瓜，侧蔓和须子及时打掉，及早摘除畸形瓜，每株留 12～15 片功能叶，将底部老叶及时除掉，用适量生根粉灌根，促进根系强大，以培育壮秧，延长收获期。同时，注意及时防治病虫害。

12. 芭比的特征特性及栽培要点是什么？

【品种来源】 原产地荷兰，由山东省寿光市新荣农产品有限公司引进。

【特征特性】 为无限生长水果型黄瓜。全雌株，瓜条圆柱形，皮色亮绿，光泽度好，果皮光滑无刺溜，瓜长 14～18 厘米，心腔小，单瓜重 80 克左右。节间短，节间有瓜，每节结 1～2 个瓜，口感清香脆甜，品质极佳。耐寒、耐热，抗霜霉病、白粉病和枯萎病。适宜越冬及春、秋保护地栽培。

【栽培要点】

(1)栽培方式 高垄双行栽植，每 667 平方米栽植 2800 株左右，定植前每 667 平方米施腐熟优质有机肥 5000～8000 千克，并配施过磷酸钙 50～100 千克、硫酸钾 50 千克，深翻后整平备用。

(2)环境调控 ①温度。缓苗前不通风，白天棚温保持28℃～30℃，夜间 15℃～18℃。缓苗后至结瓜前，白天棚温保持 25℃～28℃，夜间 12℃～15℃。②光照。冬春季节适当早揭晚盖草苫，以增加光照时间。③湿度。适宜土壤湿度为 60%～90%，苗期为 60%～70%，成株期为 80%～90%。黄瓜的适宜空气相对湿度为 60%～90%。

(3)肥水管理 定植后 3～4 天浇一次缓苗水，要浇小水。摘第一次瓜后可追施一次肥，每 667 平方米施三元复合肥 25～35 千克，低温期一般 18 天左右追施一次肥，一般追施有机肥或生物肥 30～45 千克。

(4)植株调整 8 节以下一般不留瓜，以促使植株生长健壮。用尼龙绳或塑料绳吊蔓，使龙头离地面始终保持在 1.6 米左右。

随着绑蔓将卷须、雄花及下部的侧蔓去掉。深冬季节可适当疏掉部分幼瓜或雌花。同时,注意及时防治病虫害。

13. 22-35 越冬小黄瓜的特征特性及栽培要点是什么?

【品种来源】 引自荷兰瑞克斯旺(RIJK ZWAAN)种子有限公司。

【特征特性】 为早熟品种,耐热,生长势中等,每节结1~2个瓜。瓜长度16~18厘米,表面光滑稍有棱,味道鲜美。抗黄瓜花叶病毒病、黄脉纹病毒病、疮痂病和白粉病。适合日光温室夏秋茬栽培。

【栽培要点】

(1)栽培方式 定植前要精细整地,大量施用有机肥。一般每667平方米施腐熟有机肥6立方以上,再补施复合肥50~80千克,高垄双行栽植。植株具4~5片真叶时定植(苗龄为25~30天左右)。定植密度为每667平方米1800~2200株。定植后立即浇缓苗水,使幼苗与垄土密切结合,以利于根系发展。

(2)环境调控 ①温度。定植后一周内,白天保持25℃~30℃,夜间保持18℃~20℃,不超过30℃时通风。缓苗后要降低温度,白天保持22℃~28℃,夜间保持16℃~18℃。②光照。小黄瓜耐弱光性较强,在冬季弱光条件下能获得较高的产量。夏季高温、强光,植株易产生生理障碍,一定要加盖遮阳网。③湿度。缓苗期土壤湿度可控制在90%~95%,缓苗后以70%~80%为宜,空气相对湿度控制在80%左右。

(3)肥水管理 定植后3~4天浇一次较小的缓苗水,以促进缓苗。缓苗水后再浇水时,每次浇水要带肥,每667平方米冲施尿素10千克,每隔5~7天浇一次水。结瓜期每周叶面喷施一次0.2%~0.3%磷酸二氢钾溶液。

(4)植株调整 越夏栽培黄瓜伸蔓后要及时吊蔓，摘除第十节以下的侧蔓。结瓜期及时摘除卷须和病叶。秋延后栽培生长势弱时，应早收瓜；生长势强时，可适当晚收。温度降低后轻收，并适当延后采收。

(5)病虫害防治 黄瓜病害主要有霜霉病、白粉病、细菌性角斑病和枯萎病等，虫害有潜叶蝇和蚜虫等。病虫害的防治应以预防为主，实行综合防治，特别要注意实行生态防治。

14. 美雅 3966 的特征特性及栽培要点是什么？

【品种来源】 由山东省寿光市金隆种业有限公司引自荷兰。

【特征特性】 为无限生长型一代杂交种，植株生长旺盛，节间短，节节有瓜，每节有 1～2 个瓜。瓜长 13～17 厘米，瓜亮暗绿色，圆柱形，光滑无刺，耐贮运，口感极佳。耐寒耐热，抗病性强。适宜春、夏、秋延后或越冬栽培。

【栽培要点】

(1)栽培方式 定植前每 667 平方米施腐熟有机肥 6000 千克和三元复合肥 60～80 千克。起垄双行栽培，每 667 平方米定植 2500～2800 株。

(2)环境调控 ①温度。出苗前白天保持 25℃～30℃，夜间保持 15℃～18℃；出苗后白天保持 20℃～25℃，夜间保持 14℃～16℃。定植前进行低温炼苗，缓苗后白天保持 25℃～28℃，夜间保持 14℃～20℃。②光照。冬春季适当早揭晚盖草苫，以增加光照时间。③湿度。土壤湿度以 85%为宜，空气相对湿度以 75%～85%为宜。

(3)肥水管理 黄瓜在开花结瓜期前以施氮肥为主，开花结瓜期以施钾、钙肥为主，冬天以施有机肥为主，春天以冲施复合肥为主。

(4)植株调整 蔓伸长后及时吊蔓，蔓长至顶时及时落蔓，及时采去侧蔓及4～6节以下的雌花，每株保留15～20片功能叶。雌花过多或花打顶时，可疏去部分雌花，以增强植株生长势。

15. 珍妮的特征特性及栽培要点是什么？

【品种来源】 从荷兰引进。由寿光南澳绿亨农业有限公司供种。

【特征特性】 为全雌无刺小黄瓜，无限生长型，早熟，植株生长势旺盛。节间短，每节有1～2个瓜，节节有瓜。瓜长15～18厘米，颜色深绿，口感佳。产量高，抗逆性强，抗霜霉病、白粉病和枯萎病。适宜秋延后、越冬及早春保护地栽培。

【栽培要点】

(1)栽培方式 高垄栽培，垄高20厘米左右，大行距为80～90厘米，小行距为50～60厘米，株距30～35厘米。每667平方米栽2500～2800株。栽苗前每667平方米施腐熟的优质有机肥3000～4000千克，并配施过磷酸钙50～100千克、硫酸钾50千克，深翻后整平耙细土地备用。

(2)环境调控 加强温、湿度的管理，缓苗前不通风，白天棚温保持28℃～30℃，夜间15℃～18℃。缓苗后至结瓜前，以锻炼植株为主，白天棚温保持25℃～28℃，夜间保持12℃～15℃。进入结瓜期，棚温需按变温管理，8～13时棚内气温控制在25℃～30℃，超过28℃时要通风；13～17时，控制在20℃～25℃；17～24时，控制在15℃～20℃；0～8时，控制在12℃～15℃。深冬季节外界温度低，可在中午前后短时间通风，以降湿换气。入春后，晴天白天温度保持25℃～28℃，不超过32℃，夜温保持14℃～18℃，不超过20℃。此期间要加强通风排湿，夜间可在棚顶留通风口。

(3)肥水管理 定植后3～4天浇一次缓苗水，要浇小水，随后进行中耕。一般经三次中耕后覆盖地膜，结瓜前控水。摘第一次瓜后可追施一次肥，每 667 平方米施三元复合肥 20～30 千克。低温期一般 15 天左右追施一次肥，一般追施有机肥或生物肥 20～25 千克。施肥的原则是化肥水－清水－有机肥水－清水－化肥水交替施用。

(4)植株调整 7～8 节以下一般不留瓜，以促植株生长健壮。用尼龙绳或塑料绳吊蔓，使龙头离地面的距离始终保持在 1.5～1.7 米。随着绑蔓将卷须、雄花及下部的侧蔓去掉。深冬季节可适当疏掉部分幼瓜或雌花。同时，要加强病虫害防治。

16. MK161 的特征特性及栽培要点是什么？

【品种来源】 引自荷兰德澳特种业(De Ruiter Seeds NL. B. V)。

【特征特性】 植株生长势旺盛，叶片小，生长期长，适应性广。植株为标准雌性系，每节结 1～2 个瓜，瓜深绿色，光滑无刺。瓜条顺直，均匀整齐，瓜条长 16～18 厘米。膨瓜速度快，产量高，耐寒性好，抗黄瓜花叶病毒病、霜霉病、黑星病和白粉病等。适合日光温室冬季栽培。

【栽培要点】

(1)栽培方式 在幼苗具 4 片叶定植，宜采取大小行起垄栽培。定植前 3～5 天灌水造墒。定植后应及时浇透定根水，覆土不能高于子叶，以与土坨持平为宜。

(2)环境调控 ①温度。适宜黄瓜生长发育的温度是 15℃～29℃，黄瓜喜温又不耐低温，但又需要一定的温差。一般白天保持 25℃～30℃、夜间 13℃～15℃，昼夜温差以 10℃～17℃为宜，最理想的昼夜温差在 10℃左右。②光照。晴天早揭、晚盖草苫延长光照时间；清洁塑料薄膜；把温室的内墙全部刷白，或在墙上张挂镀铝反光幕，把照在墙上的阳光反射到后排黄瓜植株上，以增强光照度。③湿度。黄瓜适宜的土壤湿度为 80%左右，白天空气相对湿度保持 80%，夜间保持 90%。在保护地栽培条件下，一般白天湿度低,夜间湿度高。土壤湿度大时,空气相对湿度即使低到50%也无不良影响。但在阴雨阴雪天气,空气湿度大时,因为叶片形成的水膜对光线反射,影响光合强度,将影响黄瓜的正常生长。在黄瓜不同生育阶段,对水分的要求不一样,瓜膨大期需水量最高。幼苗期需水量很少。大棚黄瓜越冬茬和冬春茬的苗期,因外界气温低,一般应掌握少浇水或不旱不浇水的原则。

(3)肥水管理 定植后3～4天浇一次较小的缓苗水,以促进缓苗。以后再浇水时,需每水带肥,每667平方米冲施尿素10千克,隔5～7天浇一次水。结果期每周叶面要喷施一次0.2%～0.3%磷酸二氢钾肥液。

(4)植株调整 及时摘除卷须,减少无效营养消耗,适时疏花疏果,增强植株生长势。在至少具6片叶以上开始留瓜,以增加周期产量,防止植株早衰,提高抗逆性。落蔓后每株要求留13～16片绿色功能叶,及时剪除老化、黄化叶片,以利于田间通风透光,减少病害的发生。

(5)病虫害防治 在整个生长季节中,注意预防霜霉病、灰霉病和斑潜蝇等病虫害。

17. 水果黄瓜103的品种特性及栽培要点是什么?

【品种来源】 引自荷兰阿姆斯特丹。

【特征特性】 属杂交一代,无限生长型。植株生长旺盛,节间短,节节有瓜,每节结1～2个瓜,瓜长16厘米左右,瓜条亮度高,深绿色,光滑无刺,口感脆甜,早熟、商品性好。极耐贮运,耐寒,抗热,抗病性强,每667平方米产量可达20000千克以上。该品种适合于日光温室、大棚一年四季栽培。

【栽培要点】

(1)栽培方式 定植前施足充分腐熟的各种农家肥、腐殖质肥料以及适量的磷酸二铵、钾肥,每667平方米栽植2500～2800

株。

(2)环境调控 ①温度。定植后，前期要注意增温保温，此期不超过35℃不通风。缓苗揭膜后逐渐通风排湿，白天保持35℃～30℃，下午温度降至30℃时扣棚。棚内最低温度夜间不低于8℃，上午32℃～30℃，下午28℃～25℃。②光照。冬春季节要适当早揭晚盖草苫，夏季加盖遮阳网，防止高温、强光引起生理障碍。③湿度。适宜的土壤湿度为85%～95%，适宜的空气相对湿度为70%～80%。不同生育期黄瓜对水分的要求不同，果实膨大期是需水的高峰期。因此，每次摘瓜后的浇水是很重要的。幼苗期需水量最少，土壤湿度大时，容易沤根和产生猝倒病。深冬保护地生产，一般掌握苗期不浇水或少浇水。

(3)肥水管理 开花坐果后开始浇水、追肥，不宜浇大水，追肥以复合肥、钾肥或有机冲施肥为主，施肥要间隔一次再用肥，掌握勤浇小水、追肥少量、多次进行的原则。

(4)植株调整 及时吊蔓，松紧适宜，及时去掉侧蔓以及4～6节以下的雌花。

(5)病虫害防治 病害主要有霜霉病、白粉病、枯萎病和细菌性角斑病等，虫害有潜叶蝇、蚜虫和白粉虱等，要注意及时防治。

18. 萨伯拉的特征特性及栽培要点是什么？

【品种来源】 引自以色列海泽拉种子公司。

【特征特性】 以色列海泽拉种子公司生产的无刺小黄瓜新品种，瓜长16～18厘米，圆柱形，果实暗绿色，光滑无刺，极具高产品质，耐热性好，抗逆性强，高抗病毒病。特别适于日光温室春茬、越夏栽培。

【栽培要点】

(1)栽培方式 穴盘育苗或营养杯育苗。在正常温度下播种一般4天出苗。黄瓜根系喜温怕冷，有氧呼吸旺盛，宜选用透气性好、保温保湿保肥的苗床土，如草炭土等育苗。定植前要精细整地，大量施用有机肥。一般每667平方米施腐熟有机肥6立方以上，再补施复合肥50～80千克，做成垄，垄宽1～1.2米，种两行。幼苗具2～4片真叶时定植，苗龄25～30天。每667平方米定植密度为1 800～2 200株。定植后立即浇缓苗水，使苗坨与垄土密切结合，以利于根系发展。

(2)环境调控 ①温度。发芽适宜温度为24℃～26℃，温度过高发芽快，但胚芽细长；温度过低出芽慢。出苗后，白天保持23℃～28℃，夜间保持16℃～18℃。定植一周内，白天保持25℃～30℃，夜间保持18℃～20℃，不超过30℃不通风。缓苗后要降低温度，白天保持22℃～28℃，夜间保持16℃～18℃。②光照。黄瓜耐弱光性较强，在冬季弱光情况下也能获得较高的产量。夏季高温、强光，黄瓜易产生生理障碍，一定要盖遮阳网。③湿度。空气相对湿度以保持在75%左右为宜。

(3)肥水管理 定植后1周内，每3～4天浇一次较小的缓苗水，以促进缓苗。缓苗水后再浇水时，每次浇水要带肥，每667平方米冲施尿素10千克，每隔5～7天浇一次水。结瓜期每周叶面喷施一次0.2%～0.3%的磷酸二氢钾肥液。有条件的可适当补充二氧化碳，浓度为750毫克/千克，黄瓜产量将增加20%左右。

(4)植株调整 缓苗后及时插架绑蔓，摘除老叶、病叶、侧蔓、卷须、雄花和过多的或畸形的雌花或瓜条。瓜蔓满架后及时摘心促结回头瓜。及时采收瓜条，根瓜要早收，防止坠秧。同时注意及时防治病虫害。

19. 22-33水果型黄瓜的特征特性及栽培要点是什么？

【品种来源】 引自荷兰瑞克斯旺种子有限公司。

【特征特性】 黄瓜植株生长势强、开展度大，生产周期长。瓜墨绿色，有棱，长22～25厘米，表面光滑，属中长型油瓜品种。抗黄脉纹病毒病和疮痂病。适合早春、早秋和秋冬日光温室栽培。

【栽培要点】

(1)栽培方式 高垄双行定植，每667平方米栽植2200株左右。定植前每667平方米施充分腐熟鸡粪6000～8000千克，磷酸二铵30～40千克。

(2)环境调控 ①温度。出苗后白天温度保持20℃～25℃，夜间保持14℃～16℃；定植缓苗后白天保持25℃～28℃，夜间保持14℃～20℃。②光照。应早揭晚盖草苫增强光照。③湿度。土壤湿度保持70%～80%，空气相对湿度保持80%～85%。冬季尽量降低棚内空气相对湿度，以减少病害发生。

(3)肥水管理 寒冷季节适当控水控肥，施肥宜少量多次，地温低时可施用腐殖酸、氨基酸类肥料。

(4)植株调整 植株高度为30～40厘米时及时吊蔓；雌花过多或出现花打顶时，要及时疏花，增强植株生长势；中后期及时清除老叶、黄叶和病叶。

(5)病虫害防治 整个生长期内注意防治霜霉病、白粉病、灰霉病、疫病、黑星病、病毒病和美洲斑潜蝇等。

二、水果型黄瓜嫁接优良砧木品种

1. 卧底龙黄瓜嫁接专用砧木的特征特性是什么？

【品种来源】 由山东省寿光市润农农业服务中心引自日本。

【特征特性】 该品种较一般南瓜籽有其显著的优秀特点，从根本上解决了黑南瓜籽色重不光亮、商品性低的问题以及白南瓜籽不耐寒、死棵严重难高产的根本问题。一代杂交卧底龙黄籽南瓜砧木发芽率高、生长势强、茎秆深绿、抗病性强、不早衰。该砧木品种自投放市场以来，以其根力深、生长旺、吸肥力强、亲和力不排异、抗寒不死棵、不沤根、色泽光鲜、产量高的显著特点而深受种植户的好评。

【栽培要点】 播种前将种子晾晒 2～3 小时，用 30℃～50℃温水浸泡 10～20 小时。在 25℃～30℃的条件下，催芽 24 小时即可以播种，嫁接时可采用靠接法或插接法。

2. 日本优清台木的特征特性是什么？

【品种来源】 由山东省寿光市金隆种业有限公司引自日本。

【特征特性】 该砧木与黄瓜亲和力极强，嫁接后成活率高，不易徒长，后期不早衰，彻底改变了使用其他砧木的死棵现象。使用日本优清台木嫁接黄瓜后，瓜条膨大快，黄瓜的光泽度明显增强，油光发亮，深受广大菜商和消费者的欢迎。该品种耐寒耐暑，由于优清台木根系发达，亲和力强，所以产量显著提高，抗病性能增强，口味不变，商品性更佳。

【适作茬口】 适宜越冬及春、秋保护地黄瓜栽培的嫁接砧木。

【栽培要点】 ①用 55℃～60℃温水浸种 8～12 小时，擦净种子表面黏液，在 28℃～30℃条件下催芽，待芽冒尖后即播种。②砧木先播，由于该砧木低温下生长快，较高的温度易窜苗，所以要注意适当控制温度，待砧木播种后或苗刚出土时，即可播黄瓜种子。嫁接的砧木苗不宜过大，在砧木苗心叶与接穗子叶半展平时嫁接。嫁接时可采用顶接法、劈接法或靠接法，以采用顶接法为多。③嫁接后要注意保温、保湿、遮光和通风换气。待嫁接苗具 4～5 片叶时定植。④定植时，嫁接口要高出地面 1～2 厘米，不宜过深或过浅，在田间要及时除去砧木萌芽。⑤嫁接黄瓜前期生长旺盛，要适当减少氮肥的施用，并适当稀植。坐瓜期注意控秧防徒长。生长后期要防止土温过高，可采取地面覆草等措施。如遇连续阴雨、弱光或高温、强光天气，要采取通风换气或遮荫等措施，以防止急性凋萎病的发生。

3. 金魔力根的特征特性是什么？

【品种来源】 引自东方正大。

【特征特性】 该砧木具有以下特征特性：①杂交一代黄瓜专用砧木，亲和力好，耐暑、耐寒性兼备，适合黄瓜的各种栽培类型。②胚轴粗细中等，空洞少，硬度适中，适宜各种嫁接方法。③膨瓜效果显著，产量高，光泽度高，呈亮绿色。④新叶片及瓜蔓的生长更新速度快，对枯萎病、白粉病和角斑病的抵抗力强。

【适作茬口】 适宜用作越冬及春、秋保护地黄瓜栽培的嫁接砧木。

【栽培要点】 如果实行插接，先下砧木种，4～5 天后再下黄瓜种。如果实行靠接，先下黄瓜种，待黄瓜苗出土后再下砧木种。砧木浸种不能超过 6 小时，并注意棚内的遮光、保温和保湿，以确保砧木较高的成活率。

4. 青藤台木的特征特性是什么?

【品种来源】 由山东省寿光市润农农业服务中心引自东方正大。

【特征特性】 ①系从日本引进的最新研制黄籽南瓜砧木,专门用于春秋、越冬保护地及露地黄瓜嫁接。②籽粒饱满匀称,芽率高,芽势好。茎秆深绿,轴茎长,易于嫁接操作,省时省力。③根系庞大,耐低温性极好,从而提高了植株抗病性,高抗枯萎病、白粉病、霜霉病和疫病等土传病害。④根系合理发育,避免出现前期营养过旺及早衰、减产等现象,活力长久,从而使综合产量提高30%以上。⑤亲和力好,无排异现象,黄瓜果实口味纯正,瓜条顺直,色泽油亮,大大地提高了其商品性。

【适作茬口】 适宜春秋、越冬保护地及露地黄瓜嫁接。

【栽培要点】 根据黄瓜不同的嫁接方法确定其播种期:若用插接法,提前5天左右播种砧木,再播黄瓜种;若用靠接法,先播黄瓜种,待黄瓜苗出土后再播种砧木。砧木浸种不能超过6小时,并注意棚内遮光和保温、保湿。以确保较高的成活率。

5. 日本青秀的特征特性是什么?

【品种来源】 由山东省寿光市绿丰种子有限公司引自日本。

【特征特性】 系先进的黄瓜嫁接专用砧木。发芽力强而整齐,具有极高的嫁接亲和力和共生亲和力,嫁接成活率高,无排异现象。高杭枯萎病,根系庞大,能有效地防止土传性病害;耐低温,抗高温,颜色油亮,大大提高其商品性。

【栽培要点】 ①插接法:砧木应提前3~5天播种,嫁接时间以砧木第一片真叶出现至开时为宜。②靠接法:先播接穗,4~5天后播种砧木,嫁接时间以砧木第一片真叶展开时为宜,嫁接后3~4天完全封闭、避光、适温、造湿。5天左右逐渐通风换气,防止徒长。嫁接成活后到定植前苗木温度应控制在26℃左右，随后保证12℃左右的昼夜温差，以保证花芽健康分化。

三、水果型黄瓜穴盘嫁接育苗

1. 什么是穴盘育苗?

穴盘育苗顾名思义是利用穴盘容器培育种苗，是用泥炭土、珍珠岩、蛭石、海沙及少许有机质或复合肥料等轻质材料作育苗基质，采用精量播种，一次成苗的现代化育苗方法。穴盘育苗从1970 年以后广泛应用于各种花坛植物或蔬菜苗的培育。我国从20 世纪 80 年代中期从美国引进穴盘育苗技术。该技术也称为工厂化育苗。

2. 什么是黄瓜穴盘嫁接育苗?

黄瓜穴盘嫁接育苗是利用穴盘育苗的方法，根据黄瓜品种和砧木的生长特性，确定黄瓜种子和砧木种子适宜的播种期，将黄瓜苗嫁接到砧木苗上的二次育苗方式。

3. 黄瓜穴盘嫁接育苗有哪些优点?

黄瓜穴盘嫁接育苗具有节省种子、节能、省工省力、便于远距离运输、种苗生长整齐、病虫害少、抗病抗寒能力强、移植成活率高以及可提早采收、争取农时、增加茬口、提高产量和效益等优点。黄瓜嫁接育苗使黄瓜种苗的生产供应实现了工厂化、专业化、机械化和商品化，是现代黄瓜生产的发展趋势。

4. 黄瓜嫁接育苗对育苗基础设施和环境条件有什么要求?

黄瓜嫁接育苗必须具备必要的基础设施和环境条件：一是土

建工程，包括育苗温室、催芽室、库房、办公室等基础配套设施的建设；二是育苗配套设施，包括穴盘、肥水供给系统和设备、活动式育苗床架；三是供暖系统，主要是有能增加温度和保温的设施设备，提供育苗所需要的温度条件，并尽量节约能源；四是供电系统，应考虑双路供电，满足育苗的电力所需。另外，在选择建立育苗温室的场地之前，要对其水源、水质、土壤和农业气象等环境条件进行调查，尽量创造优良的育苗环境，为生产提供优质的种苗。

5. 黄瓜嫁接育苗温室的类型有哪些？

黄瓜嫁接育苗的温室类型主要有智能连栋日光温室、经济型薄膜连栋温室、改良无立柱日光温室等几种类型。从近年来的生产实践看，从国外引进的智能连栋日光温室一次性投资过大，温室的保温性、透光性较差，与普通日光温室相比消耗能源多，加大了育苗成本，育苗因天气因素影响过大，增加了育苗的技术难度。因此，从目前山东寿光市的蔬菜育苗实践来看，建议使用高效节能的改良型无立柱日光温室为宜。若以夏季育苗为主，可利用经济型薄膜连栋温室育苗。

6. 黄瓜穴盘育苗所用的穴盘有哪几种？

目前常用的穴盘规格可分为以下两种格式：①美国式。多为PE塑料制品，穴盘常用规格为54厘米×28厘米。②荷兰式。为保丽龙制品，穴盘规格为60厘米×40厘米。穴孔有不同形状、直径、深浅、容积等差异，穴孔数由50～288孔不等，穴盘规格约有50种之多。在蔬菜育苗上多用美国式128孔与荷兰式240孔穴盘。穴孔的大小与形状常影响介质理化性的表现，同样穴孔数，方形者较圆形者介质容量多出33%，穴孔较深者比浅穴孔有更好的通气性。穴孔大小对种苗生长影响很大，穴孔大则容积大介质多，通气性较佳，pH值较稳定，所需生育期短，幼苗生长较快，较耐贮运。而小穴孔者虽然单位面积产量高，生产成本低，但介质容积小，介质通气性差、含水量高，盐类累积很快，幼苗生长易受到阻碍，育苗技术难度较高。常用的育苗穴盘有50孔、72孔和105孔三种规格。黄瓜嫁接育苗一般用50孔穴盘较为适宜。

7. 黄瓜育苗介质应具备哪些特点？

由于穴盘穴孔小，一般土壤的理化性无法满足穴盘育苗的需求。适合穴盘根系生长的栽培介质应具备以下特点：一是保肥力佳，能供应幼苗根系发育所需养分，并避免养分流失；二是保水力强，能避免幼苗根系水分快速蒸发干燥；三是透气性好，使幼苗根部呼出的二氧化碳容易与大气中之氧气交换，减少根部缺氧情形发生；四是不易分解而且有利于根系穿透，能支撑种苗。过于疏松的介质，植株容易倒伏，介质及养分容易分解流失。

8. 黄瓜育苗常用的介质有哪些？

黄瓜穴盘育苗所用介质的主要成分包括草炭土、珍珠岩、蛭石、海沙及少许有机质或复合肥料等。草炭土约占穴盘介质的30％～80％，其特性是保水力强（超过60％）、阳离子交换能力高、pH值4.5～5.5。蛭石可吸收数倍于其体积的水分并且能增加阳离子交换能力，但调配不当会排除介质内空气造成缺氧。珍珠岩可以增加介质的透气度，其本身不吸水，水分附着表面时不会引起化学变化，不具缓冲力，阳离子交换能力非常低，pH值7.0～7.5，但不会影响介质酸碱度，若使用过量易造成介质水分流失。

9. 黄瓜穴盘育苗基质如何配制？

育苗基质的选择是黄瓜穴盘育苗成功与否的关键因素之一。用于黄瓜穴盘育苗的基质材料主要是草炭土、蛭石和珍珠岩，春、秋季可按草炭土：蛭石：珍珠岩＝3：1：1的比例配制，冬季可按2∶1∶1的比例配制，或者按草炭土∶蛭石=3∶1的比例配制。草炭土一般选用从丹麦（品氏）进口的泥炭、从德国进口的克拉斯曼泥炭等品牌，国产的可选用熊猫、华美等品牌。配制育苗基质时每立方加入三元复合肥（15∶15∶15）1～1.2千克，用水溶解后与基质混合均匀。

10. 黄瓜穴盘育苗基质如何消毒？

一般进口基质已经进行消毒处理，可以直接使用。国产基质消毒的方法是：每立方基质加入百菌清200克拌匀，或每立方基质用甲基硫菌灵800倍液50～60升均匀喷雾。

11. 如何测定黄瓜种子的发芽率？

一般在种子播种前，先进行种子发芽率测定，其测定方法如下：将浸湿之卫生纸铺于发芽皿中，取约100粒种子均匀摆放在湿卫生纸上，再用盖子或其他物品盖上，以保持盘中湿度，于20℃～28℃处（冬季可用60瓦灯泡在纸箱中加温）静置3～8天，每天计算种子发芽数后将发芽之种子剔除，并添加适量水分保持纸的湿润，但不可太湿，于第五至第九天累加计算发芽百分率。

12. 怎样对黄瓜种子和砧木种子进行精选？

依测出的黄瓜种子和南瓜种子发芽百分率，决定精选的百分比。若发芽率为90%，则剔除约10%的种子，精选出90%可发芽的饱满种子。常用的种子精选方式有风选、水选、盐水选、大小选（筛网选）等，挑选出饱满健康之种子用于播种。比重大的种子适合用风选、水选、盐水选等方式。使用种子风选机、鼓风或吹风机可将不充实的种子及较轻的杂质分离开。用水或盐水可使比重轻的不饱满种子浮在水面从而剔除，选用下沉留在水底的饱满的种子。比重小体积大的种子适合用大小选，利用不同大小孔目的筛网筛选保留较大且发育完全的种子，除去较小及发育不良的种子。

13. 催芽前如何对黄瓜种子和南瓜种子进行处理？

为了使黄瓜和南瓜种子发芽整齐一致，在播种催芽之前要对黄瓜和南瓜种子进行种子处理。其方法是：将种子放入50℃～60℃温水中，顺时针搅拌种子20～30分钟，待水温降至室温时停止搅拌，而后继续在水中浸泡一段时间，一般黄瓜种子浸泡5～8小时，南瓜种子浸泡12～24小时，最后用清水冲洗干净后沥去水分备用。

14. 如何建造黄瓜育苗催芽室？

催芽室是为促进黄瓜和砧木种子萌发创造小气候的设施，是工厂化育苗必不可少的设施之一。催芽室可用于大量种子浸种后催芽，也可将播种后的苗盘放入催芽室，促进种子萌发出土，待60%的种子拱土时移入育苗室。建造催芽室要注意以下几个问题：一是催芽室要与育苗规模相匹配；二是催芽室与育苗室的距离要尽可能缩短；三是催芽室要有较好的保温性，在寒冷季节，白天能保持30℃～35℃，夜间不低于20℃；四是催芽室内应设置育苗架盘，播种后可以错开摆放在架子上，以节省能源，提高空间利用率；五是催芽室内应配备水源和喷淋设备，播种后当苗盘和催芽室内空气湿度不足时，可以向穴盘和地面上喷水，以保持种子萌发所需要的湿度。

15. 如何设置育苗架？

设置育苗架的作用，一是为育苗作业者操作提供方便；二是可以提高育苗盘的温度；三是可以防止幼苗的根扎入地下，有利于根坨的形成。育苗床架有移动式、拆装式和固定式三种。设置时要因地制宜，做到实用、省钱、方便、有利于育苗。冬季育苗时床架可以稍高些，夏季可以稍低一些。

16. 如何设置温室育苗的肥水供给系统？

喷水喷肥设备是温室工厂化育苗所必需的设备之一。喷水喷肥设备的应用可以降低劳动强度，提高劳动效率，做到肥水均衡供应。肥水供应设备有自动化、半自动化的，也有人工操作的。目前较为实用的是使用水泵接上软管喷头进行肥水供给。需要施肥时，先在水池中配好所需肥料的浓度，或使用自动吸肥器进行养分供给。喷肥时肥料的浓度一般为1000升水对人500～600克三元复合肥，三元复合肥的含量可视基质情况选择19∶19∶19或20∶10∶20，也可以使用大量元素及中微量元素可溶性肥料，以满足黄瓜和南瓜苗期对各种养分的需求。另外，目前也有很多生产者使用固定管路喷灌系统，可以节省大量人力及时间，但在穴盘育苗上，由于给水均匀度要求高，管路喷灌会造成浇水死角及重叠，使穴盘苗生育不整齐，必须实行人工补水。目前，最新式的设备为自走式悬臂喷灌系统，可机械设定喷洒量与时间，洒水均匀无死角及重叠区，并可加装稀释定比器配合施肥作业，解决人工施肥的困难。

17. 穴盘育苗浇水应掌握哪些原则？

穴盘育苗是在小气候小环境中进行，因此喷水时要掌握以下原则：一是阴雨天日照不足且湿度高时不宜浇水；二是浇水以正午前为主，下午3时后不要浇水，以免夜间潮湿引起幼苗徒长，使幼苗叶缘于隔日清晨产生溢泌现象；三是穴盘边缘苗株易失水，必要时进行人工补水。

18. 黄瓜嫁接育苗的方法有哪几种？

黄瓜嫁接育苗的方法很多，主要分为插接和靠接两大类。靠接包括普通靠接和单叶靠接。实践中黄瓜穴盘嫁接育苗多采用插接，又称为顶接。

19. 黄瓜嫁接育苗选用什么作砧木？

黄瓜嫁接育苗一般选用黄籽南瓜、白籽南瓜或黑籽南瓜作砧木。目前生产中大多使用黄籽南瓜，其次是使用白籽南瓜作砧木。黄籽南瓜与白籽南瓜、黑籽南瓜相比，具有嫁接成活率高、抗逆性强、产量高、成品瓜商品性好等优点。

20. 如何进行基质装盘和压穴？

(1)基质装盘 首先要准备好基质，将配好的基质装在穴盘中。装盘时注意不要将基质压得太紧，要保持松软，以免基质的物理性状受到破坏，导致基质中的空气含量和可吸收的养分含量减少。正确的方法是：用刮板从穴盘的一方刮向另一方，使每个孔穴都装满基质，尤其是穴盘四角和盘边的孔穴一定要与中间的孔穴一样，基质不能装得过满，刮平后各个孔穴应清晰可见。

(2)压穴 装好的穴盘要进行压穴，以利于将种子播入其中，可用专门制作的压穴器压穴，也可将装好基质的穴盘垂直码放在一起，以 4～5 盘为一摞，上面放几只空盘，用手通过平板在盘上均匀下压至达到要求的深度为止。

21. 南瓜砧木如何播种和催芽？

将精选后的南瓜种子进行催芽处理，待种子长出胚根时进行播种。将种子点在压好的穴盘中，每穴一粒，注意避免漏播和重播。播种后用蛭石覆盖穴盘，具体的方法是：将蛭石倒在穴盘上，用刮板将蛭石从穴盘的一方刮向另一方，去掉多余的蛭石。覆盖蛭石注意不要过厚，以蛭石与孔穴相平为宜，而后浇透水置于催芽室催芽。白天催芽室的温度保持 26℃～28℃，夜间保持 14℃～

16℃，基质湿度保持65%～80%，3～5天后出齐苗。

22. 播种后的南瓜砧木如何管理？

砧木出苗后及时除去"戴帽苗"的种皮，夜间温度保持12℃～14℃，白天温度保持18℃～22℃，基质含水量保持在50%～65%。为防止猝倒病的发生，可用72.2%霜霉威盐酸盐＋氟吡菌胺悬浮剂1000倍液喷洒幼苗。夏天气温高、温差小，砧木苗容易徒长，出苗后可根据长势强弱喷施20%甲哌鎓（助壮素）250～500倍液或15%多效唑可湿性粉剂3000～7000倍液。嫁接前3～4天对砧木不可喷施抑制剂，以免影响接穗的正常生长。冬季可降低夜间温度，利用温差控制幼苗长势。

23. 什么时间播种黄瓜接穗种子最适宜？

待南瓜砧木子叶展开，第一片真叶开始长出时，即南瓜砧木播后8～10天，播种已经处理好的黄瓜种子，播前对苗盘内的基质要喷淋湿透。一张54厘米×26厘米的平盘可播种800～1000粒，播后覆盖1.5厘米厚的蛭石，放入催芽室内进行催芽，白天温度保持28℃～30℃，夜间20℃～24℃。黄瓜出苗后，待子叶张开即可进行嫁接。

24. 水果型黄瓜嫁接的技术是什么？

嫁接前一天，将砧木苗保留1厘米长的叶柄，去掉砧木苗真叶，用针划去子叶节上的萌芽，对砧木喷洒75%百菌清可湿性粉剂600倍液，嫁接前给砧木苗和黄瓜苗浇足水。嫁接时，用直径与黄瓜径粗细相同的竹签或钢签沿南瓜苗一侧子叶的上侧插向对面子叶的下侧，以竹（钢）签刚扎破表皮为宜；将黄瓜苗取出，在子叶下方1厘米处切单面斜面，其长度为4毫米左右，将竹签拔出后，轻轻地将黄瓜苗斜面向下插入南瓜中。嫁接完整盘后，及时将嫁接好的苗盘摆整齐，用新鲜地膜盖严，以免嫁接苗感病和失水萎蔫。

25. 如何加强嫁接苗的管理？

影响嫁接苗成活率的高低的因素，除了亲本和接穗的亲和力及嫁接技术外，嫁接后的温、湿度及光照管理极为重要。首先以湿度最为关键，其次是光照，最后是温度。

(1)湿度 嫁接前向砧木基质喷水，使幼苗吸收充足的水分，嫁接后 1～3 天内适时喷雾。上午嫁接的苗，宜在中午和下午各喷雾 1～2 次，使棚内空气相对湿度保持在 90%以上。为防止接穗苗萎蔫，喷雾宜轻，防止水滴流入接口处。如果棚内空气湿度过高致使接穗叶面结水滴时，早晚要适当通风排湿，防止病菌大量繁殖致使接口霉烂。

(2)光照 光是植物生长的基础，适宜的光照强度应保持在 5 000勒，嫁接后不能过度遮光，否则易使秧苗无光合产物积累造成饥饿而死亡。嫁接后 1～2 天内，在正常天气情况下，为保持稳定的温、湿度，用草苫等覆盖物全天遮荫，以后逐渐撤掉遮荫物，缩短遮光时间，增加光照。

(3)温度 温度为 28℃左右有利于嫁接伤口愈合。嫁接后 1～3 天内，白天应保持 25℃～30℃，夜间保持 15℃～20℃，地温保持在 25℃左右；第四至第六天应早晚适当通风，将夜温降至 17℃左右，地温为 22℃左右；黄瓜嫁接后第三天，早晨和傍晚可适当揭开棚膜进行炼苗。第七至第九天第一片真叶长出，叶色变浅绿时，便可拆除小拱棚，并及时浇水、施肥和喷药，及时将南瓜子叶上未去除干净的侧芽去掉，进入正常管理，促进黄瓜苗的生长发育。

26. 什么是穴盘黄瓜嫁接苗健化管理技术？

很多时候黄瓜嫁接苗并不只供应当地栽培，而是满足全国各地其他地区的生产所需，因此要做好种苗的贮运工作。种苗的贮运工作是整个育苗产销技术的最后一环，种苗在传统的运销过程中损耗很大，因此需配合适当的包装贮运方法，并在种苗生产出货前进行健化管理，可有效地降低种苗贮运损耗率。

黄瓜穴盘嫁接苗自播种至成苗过程中，其水分和养分都能得到充分的供应，在保护设施内生长良好。穴盘苗达到出苗标准，经包装贮运到无人为环境控制的田间时需面对各种生长逆境，如干旱、低温和贮运过程中的黑暗弱光等，往往造成种苗品质变劣和移植存活率低的状况，降低了农民对穴盘嫁接苗的信誉度。为此，如何经过适当处理，使穴盘苗在移植定植后能迅速生长，其中种苗的健化就显得非常重要。

穴盘苗在供水充裕的环境下生长，其地上部发达，有较大的叶面积。但穴盘苗移植后，在田间日光直晒及风的吹袭下，其叶片蒸腾速率快，容易发生缺水情况而使幼苗叶片脱落，并伴随光合作用减少而影响幼苗恢复生长能力。若移植前予以缺水健化，则穴盘苗叶片角质层增厚或脂质累积，可以反射太阳辐射而减少叶片温度上升，减少叶片水分蒸腾，就能增强其对缺水的适应力。

在夏季高温期育苗供应高冷地区蔬菜种植，非常容易受寒害而死亡，因此应预先给予低温处理进行健化，以避免或减少寒害。

穴盘嫁接苗包装后在黑暗条件中贮运，若事先经弱光驯化后常可延长穴盘苗之贮运寿命与减少贮运时植株干物重的损失，同时将温度降低并保持介质干燥，当植株轻度凋萎时才轻浇水和进行低频度施肥，必要时可施用杀菌剂，防止密植的穴盘苗感染病原，以保持种苗的品质。

27. 防止黄瓜穴盘嫁接苗在贮运过程中品质劣变的管理技术是什么？

黄瓜穴盘嫁接苗在贮运过程中会有呼吸作用的消耗，一般要进行低温贮藏，短期贮藏温度为16℃左右，但是穴盘苗长期处于低温下会影响定植后的发育与品质。如穴盘苗贮藏温度太高，对穴盘苗的品质影响更大。植物在高温下生理功能代谢加速，在贮藏期中大量消耗贮藏物质，且容易在贮藏期中持续生长，使植株形态变细长而降低种苗品质，影响植株移植后的发育生长。贮藏期过多的水分会助长幼苗弱光下细胞的伸长，而且高湿度常引起病原菌的繁衍。穴盘苗贮藏期的低温高湿最适宜黑霉菌的生长，栽培期施肥量太高将使植株生长柔软多汁，容易感染病害。因此，在贮藏前减少施肥量健化植株，则可增加抗病性。

综合各种贮藏环境因子与种苗劣变生理反应，在进行种苗贮藏前以低温弱光低灌溉低施肥频度，注意通风以达健化种苗的目的，提高种苗品质。

28. 黄瓜嫁接苗在运输过程中应注意哪些问题？

黄瓜穴盘嫁接苗长距离运输面临的问题与贮藏期相同，也会造成种苗的落叶、茎部的徒长、叶片的黄化、病原菌感染和发生寒害，而对运输条件的要求亦与贮藏期一样，都要注意防止种苗的徒长与衰败。

首先黄瓜嫁接苗必须有优良的品质，无病虫害，且运输前应对种苗进行光线、温度等驯化处理。为保持运输中种苗的洁净与健壮，在贮运前可先适当喷洒杀菌剂，若有虫害发生，也应喷洒杀虫剂。种苗质地柔弱，为防止人为或机械碰撞损坏，在运输前应将苗盘放在合适坚固的撑架内或用大小适合的泡沫箱或纸箱包装，包装容器要能通气。运输的环境条件与贮藏的要求一致，应具有适度的低温、湿度以及光线，贮运前24小时给种苗浇透水，待多余的水分从穴盘底部流出后立即包装贮运。

运输工具亦应进行消毒处理。

29. 嫁接苗栽培的特点是什么?

嫁接苗宜采用小高畦(起垄)、地膜覆盖栽培,夏季嫁接后一般经 10～12 天,冬季嫁接后经 15～20 天,嫁接苗具一叶一心时即可定植。定植深度要浅,以保证接口不接触土壤为宜,否则病菌侵入将导致嫁接失败。嫁接苗根系发达,生长势强,结瓜期延长,应增施有机肥作基肥,相应减小种植密度,加大追肥浇水量。

四、日光温室栽培水果型黄瓜的茬口安排

1. 日光温室栽培水果型黄瓜的茬口主要有哪几种？

日光温室水果型黄瓜栽培，因主要生育期所经历的农时季节不同，可分为越冬茬（冬茬）、冬春茬（早春茬）、越夏茬（夏茬）和秋冬茬（秋延茬）4 个茬口。

2. 水果型黄瓜各栽培茬次应选择什么样的品种？

在生产实践中，水果型黄瓜品种的选择上要因各茬次所处棚室的环境条件制宜，选用相应的优良品种。适宜越冬茬栽培的品种，应具备较强的耐低温和耐弱光性能、早熟、早期和前中期产量高，品质优良。适用于冬春茬栽培的品种，除要求具备早熟性强、前期产量高和品质优良外，还要求具备苗期耐低温性强和后期耐热性强，生长势强盛，不早衰。越夏茬的品种要有较强的耐热性。适宜秋冬茬栽培的品种，要求苗期耐热性和抗病性强，结果期耐低温，具有晚中熟或中晚熟的特性。

3. 合理确定日光温室水果型黄瓜适宜播种期有什么重要意义？

日光温室水果型黄瓜在播种上与露地黄瓜的主要不同点是：日光温室水果型黄瓜是翻茬播种栽培，其播种期不以季节自然气候条件来确定，而是根据反季节生产商品瓜的经济效益来确定。确定适宜播期的主要标准，要使该茬黄瓜的盛产商品瓜期正好与市场上需求黄瓜的盛期和畅销价高峰期相吻合。因此，日光温室水果型黄瓜的播种期与经济效益关系密切，如果播种期不适宜，导

致高产不一定高效，只有播种期与产品收获的高效期相吻合，才能在生产中获得理想的经济效益。

4. 如何确定日光温室水果型黄瓜各茬次的适宜播种期？

首先，要准确掌握水果型黄瓜从播种至开始收获商品瓜所需要的天数。日光温室栽培水果型黄瓜不同的品种熟性也不同，从播种到开始采收商品瓜所需要的天数也不一致，早熟品种一般为70～75天，中熟品种为80～85天，晚熟品种为90～95天。一般从黄瓜开始采收商品瓜到进入盛产商品瓜日期需10～15天，因此，从播种到始收期所需的天数再加上10～15天，便是从播种到进入盛产商品瓜日期所需的天数。

其次，要深入调查研究水果型黄瓜市场价格信息情况，力争把黄瓜盛产商品瓜日期安排在市场上水果型黄瓜刚进入价高畅销日期，即市场需求旺季，再根据此日期往回推算日光温室水果型黄瓜各茬次的播种期。根据不同的品种熟性，晚熟品种要比中熟品种提前10天播种，而早熟品种要比中熟品种拖后10天播种。这里所指的播种日期是指黄瓜的播种日期，至于南瓜砧木的播种日期要根据不同的嫁接方法确定其适宜的播种期。

通过对近年来山东省寿光市蔬菜产销情况的调查来看，日光温室各茬次水果型黄瓜栽培的播种期、定植期、始收瓜期、产瓜盛期即市场需求旺盛期分别为：秋冬茬7月中旬播种，8月中旬定植，10月上旬开始采收，10月中旬至翌年1月下旬为产瓜盛期；越冬茬9月中旬播种，10月下旬定植，12月中旬开始采收，12月下旬至翌年4月下旬为产瓜盛期；冬春茬12月下旬播种，翌年2月上旬定植，3月中旬开始采收，3月下旬至7月上旬产瓜盛期；越夏茬一般在4月下旬播种，5月下旬至6月初定植，7月上旬开始采收。各地可根据当地市场需求情况确定每一茬次的适宜播种期，以获取水果型黄瓜最大的经济效益。

五、水果型黄瓜定植前的准备及定植技术

1. 日光温室栽培水果型黄瓜定植前应如何施肥?

水果型黄瓜连续结瓜能力强,产量高,需肥量大,因此定植前要施足基肥。每667平方米施腐熟有机肥(鸡粪、鸭粪、人粪混合的有机肥)10 000千克或精制生物有机肥1 000千克,并同时施入过磷酸钙150千克、硫酸钾140千克,穴施“禾健”多黏芽孢杆菌生物肥20千克,混匀后深翻土壤,整平地面。所施用的有机肥必须是经过发酵腐熟的,因为日光温室栽培是一个相对密闭的小气候环境,如果把大量的未经发酵腐熟的生有机肥施入土壤耕作层中,有机肥料在温室内土壤中发酵腐熟的过程中会释放出热量、氨气、一氧化氮、二氧化硫等有毒气体,如果这些有毒有害气体不能及时散发到土壤耕作层以外,就会因土壤中温度过高和有毒有害气体浓度过大而烧根熏根,使黄瓜根系受害,导致黄瓜死棵。即使这些有毒有害气体能排出土壤,但因日光温室的密闭环境,使这些有毒有害气体不能及时排出室外,使黄瓜地上部植株受到气害,影响黄瓜生长,严重的会导致死亡。因此,在生产中既要注意施足有机肥,又要注意避免其危害,有机肥在施入土壤前必须经发酵腐熟。其发酵腐熟的方法是:在施肥前1～2个月,将有机肥与磷肥、钙肥混拌均匀,在温室旁挖坑堆积,并用塑料薄膜封严,待肥料发酵腐熟后,再施入温室内,这样就不会发生烧根和熏秧,而且肥效快。同时,有机肥在堆积发酵过程中释放热量,使肥堆内温度达到60℃～70℃,可以杀灭病菌和害虫。这是目前日光温室蔬菜栽培中基肥施用的关键技术。

2. 日光温室栽培水果型黄瓜定植前应如何进行高温闷棚?

高温闷棚能有效杀死土壤和温室内的病菌、害虫,为黄瓜生长创造一个良好的环境。高温闷棚一般只有秋冬茬或越冬茬黄瓜定植前采用,在前茬黄瓜拉秧倒茬后,尽快清洁温室,撒施有机肥、磷肥和钙肥,随后深耕 30 厘米,整平地面后开始进行高温闷棚。具体的方法是:在整个温室内,包括地面、墙体内面、立柱表面、后坡墙面等需均匀喷洒 15%菌毒清 300~450 倍液,而后将温室密封,晴天闷棚 4~5 天。闷棚的第三天中午前后,棚内气温高达 65℃,5 厘米地温高达 55℃,可有效灭菌、杀虫。黄瓜定植前要通风降温,使棚内温度达到正常值。

3. 日光温室水果型黄瓜起垄定植有哪些优点?

日光温室水果型黄瓜起垄定植具有以下三大优点:一是起垄定植有利于增强土壤耕作层的透气性和黄瓜根系的呼吸;二是起垄定植有利于浇水和冲施肥料,尤其便于大小行距间隔沟轮换浇水和交替冲施肥料,容易控制浇水量,减少肥料的浪费,提高肥料利用率;三是起垄定植能加大土壤耕作层的昼夜温差,有利于抑制徒长,培育壮苗,促进黄瓜花芽分化,从而达到增产增效的目的。

4. 日光温室水果型黄瓜如何起垄定植?

水果型黄瓜定植一般采用大小行起垄定植,小行距 40 厘米,大行距 80 厘米。定植前按 120 厘米的垄距画线,按画线南北向起垄,垄高 25~30 厘米,两垄之间呈"V"形沟;而后按小行距 40 厘米设在垄背上,大行距 80 厘米跨垄沟,于南北向两端定点画线,按画线开 3~5 厘米深的定植沟,顺沟浇透水,把嫁接黄瓜苗带坨取出,按株距 30 厘米左右均匀定植于沟内,而后用土扶垄栽苗。注意栽植时不要将嫁接口埋在土中，以免感染病菌和接穗生根。

5. 日光温室水果型黄瓜地膜覆盖栽培有哪些好处？

日光温室水果型黄瓜定植后覆盖地膜有很多好处，主要体现在以下六个方面：

一是地膜覆盖不仅能保持土壤水分，减少浇水的次数，而且能增加耕作层土壤的容积热容量，加速养分转化，增加光效，冬季能使温室内的地温提高2℃～4℃，有利于黄瓜根系的生长发育。

二是覆盖地膜可以减少地表水分蒸发，降低温室内空气湿度，有利于减轻病虫害的发生，并能缓解冬季温室内通风排湿与保温的矛盾。

三是地膜覆盖避免了某些病菌和害虫与土壤直接接触，可以有效地防止某些土传病害和地下害虫的发生，同时还能防止土壤中有些病菌和害虫对植株地上部的侵染，并且能防除杂草的危害。

四是在黄瓜畦面覆盖地膜后，土壤层次之间的盐分分布发生了变化，能较好地抑制土壤表层的盐分积累。因为盖膜后，土壤表面水分蒸发受到抑制和地膜回笼水的作用，使土壤表层含盐量明显降低，对黄瓜保苗可起到很好的作用。

五是地膜覆盖适于嫁接黄瓜落蔓盘蔓。瓜蔓盘落于盖有地膜的垄脊上，因无法与土壤接触，避免了接穗的秧蔓节间产生不定根扎入土壤而感染枯萎病，同时还能减少其他病菌对茎蔓及叶片的侵染。

六是地膜覆盖改善了黄瓜植株生长的光照、温度、水分和养分等条件，所以能使黄瓜提早缓苗，生长加快，早熟丰产。

6. 黄瓜定植后怎样覆盖薄膜？

黄瓜定植后，立即覆盖幅宽为130～140厘米的地膜。覆盖地膜时要从一头开始，一次覆盖两行黄瓜苗，将膜边置于大行中间

(即大沟底中间)。覆盖地膜的具体方法是:把地膜伸开平展后,南北对照双行黄瓜苗,用刀片在正对苗坨处按东西向割开 7～10 厘米的“一”字形口,把黄瓜苗轻轻地从口中放出,膜两边扯紧压实,并用湿土封好口即可。

六、水果型黄瓜定植后的管理技术

1. 水果型黄瓜缓苗期如何管理？

从定植开始至黄瓜长出一片新叶为缓苗期，一般需 10 天左右。这一时期管理的主攻方向是防止萎蔫，促伤口愈合和发生新根。在浇足定植水的基础上，立足高温促生根，遮荫防萎蔫，不浇水，不追肥，三天内不通风散湿。前三天内保持较高温度和较高的空气湿度，保持地温 25℃，白天气温保持 28℃～32℃，夜间气温保持 20℃～25℃，空气相对湿度 90%～95%。在晴朗天气的中午盖草苫遮荫，防止秧苗高温凋萎。三天后，若中午前后温室内气温达 38℃以上时，立即通风降温。秋冬茬黄瓜定植后的缓苗期为 8 月中下旬，气温较高，通风降温时需大开前窗和天窗，使空气形成对流，以利于快速降温。越冬茬黄瓜和冬春茬黄瓜缓苗期在中午前后通风降温时，仅需打开天窗通风即可，以温室内温度降至 32℃为宜，以后棚内最高温度不超过 32℃，并逐渐降低夜温，使夜间气温保持在 18℃～22℃。

2. 日光温室水果型黄瓜缓苗后至坐瓜初期的管理技术措施有哪些？

此期的管理主要是协调好光照、温度、水分和空气四者的关系。

(1)光照 通过揭盖草苫等不透明覆盖物的早晚来调节光照时间，争取每天 8～10 个小时的短光照。为保证光照效果，一是对棚膜要及时除尘，以保持棚膜有良好的透光性能；二是张挂镀铝反光幕，增强棚内反射光照，尽可能增加光照强度。

(2)温度 由于不同茬次黄瓜的生育阶段所处的农时不同，所以通过覆盖保温和通风降温等措施，调控温室内温度的指标也不同，越冬茬和冬春茬黄瓜的生育阶段分别处在11月中旬至12月中旬和翌年2月中旬至3月中旬，温室内白天气温应控制在22℃～28℃，夜间控制在12℃～16℃，凌晨短时最低温度不低于10℃，垄脊白天土壤温度比气温低2℃～3℃，夜间土壤温度比气温高2℃～3℃。秋冬茬黄瓜的生育阶段正处在8月下旬至9月下旬，此期自然气温较高，棚内气温白天应控制在24℃～32℃，夜间在16℃～20℃，日出前1小时最低温度不低于15℃。

(3)土壤湿度 在地膜覆盖条件下，要适当控制浇水，使瓜垄土壤湿度保持在70%～80%，最高不高于85%，最低不低于65%。

(4)空气 在任何栽培茬次和季节，在不影响棚室保温的前提下，要尽可能地通风换气，使棚内白天空气中的二氧化碳含量不低于0.03%，使夜间空气中氧气含量比较充足，以满足黄瓜呼吸所需。

3. 日光温室水果型黄瓜持续结瓜前期和中期的生育特点是什么？

根据栽培茬次的不同，日光温室水果型黄瓜的前、中期结瓜时间分别为：越冬茬在12月中旬至翌年3月下旬，冬春茬在3月中旬至5月下旬，秋冬茬在10月中旬至翌年1月中旬。此期的生育具有以下三个特点：

第一，植株营养生长与生殖生长同时并进双旺，叶面积大，果实收获量逐渐加大。此时产瓜量占总产量的70%以上，而经济效益占总效益的90%以上。

第二，植株光合作用旺盛，要求光照时间长，光照强度大，温度较高，昼夜温差较大，要求肥水供应及时充足。

第三，随着此期植株生长逐渐加强和棚内环境条件的变化，病虫害发生往往有逐渐增多和加重的趋势，需及早适时防治。

4. 日光温室水果型黄瓜持续结瓜前期和中期的管理技术措施有哪些？

(1)光照 一是适时揭盖草苫，尽可能延长光照时间。适时揭开草苫是指拉开草苫后，棚内气温不降低也不立即升高。适时覆盖草苫是指覆盖草苫后4小时，检查棚内气温以不低于18℃和不高于20℃为宜。二是及时对棚膜除尘，保持棚膜透光率良好。三是在后墙内面张挂反光幕，增加棚内反射光照。四是及时去掉老叶，落蔓，吊蔓，调蔓，顺叶，打去卷须和侧芽，改善植株透光条件，减少植株养分无效消耗。五是遇阴雨雪天气时也应尽可能揭开草苫，争取增加光照。

(2)温度 通过增光提温、保温和通风降温等一系列措施，合理调节棚内温度。使深冬(12月份至翌年1月份)晴日棚内气温在早晨揭开草苫前控制在9℃～10℃，揭开草苫后至正午前1小时控制在16℃～24℃，中午前后控制在28℃～32℃，下午控制在30℃～24℃，上半夜控制在20℃～18℃，下半夜控制在17℃～11℃，凌晨最低温度控制在10℃～9℃。深冬多云天气棚内气温上午控制在16℃～22℃，中午前后控制在24℃～28℃，下午控制在24℃～20℃，上半夜控制在18℃～14℃，下半夜控制在14℃～10℃，凌晨短时最低气温控制在9℃～8℃。深冬连续阴雨天气棚内气温上午控制在12℃～18℃，中午前后控制在20℃～22℃，下午控制在20℃～18℃，上半夜控制在18℃～16℃，下半夜控制在16℃～10℃，凌晨短时最低温度控制在8℃～7℃。春季正常天气棚内气温上午控制在18℃～26℃，中午前后控制在28℃～32℃，下午控制在28℃～24℃，上半夜控制在22℃～18℃，下半夜控制在16℃～12℃，凌晨短时间最低温度控制在10℃。

(3)肥水管理 应掌握“前轻、中重、三看、五浇五不浇”的原则。所谓“前轻、中重”是指在第一次摘收黄瓜之后浇水时，开始随水冲施肥料，每隔12天左右浇一次水，隔一次浇水冲施一次肥料，每次每667平方米冲施尿素和磷酸二氢钾各5～6千克，或冲施三元高钾复合肥10千克。进入每667平方米日收商品黄瓜50千克以上的产瓜盛期，每7～10天浇一次水，随水每次每667平方米冲施三元高钾复合肥10～12千克。在产瓜高峰期，要配合喷施惠得、果蔬钙肥、磷钾动力、硕丰481等叶面肥。同时，在每个晴天正午前3小时至半小时追施二氧化碳气肥。所谓“三看、五浇五不浇”，即通过看天气预报、看土壤墒情、看黄瓜植株长势来确定适宜浇水的具体时间，并做到晴天浇水，阴天不浇；晴天上午浇水，下午不浇；浇温水，不浇冷水；在地膜下的沟里浇暗水，不在膜上沟里浇明水；要用缓流水洇浇，不用急流水漫浇。

5. 日光温室水果型黄瓜结瓜后期的管理技术有哪些？

秋冬茬、越冬茬、冬春茬黄瓜的结瓜后期，分别处在1月中旬至下旬、4月中旬至下旬、6月下旬至7月上旬。此阶段植株的生育特点是：生殖生长占主导，营养生长逐渐衰弱。管理的主攻方向是防止营养生长衰弱，以延长结瓜盛期时间，增加后期产量，减轻品质下降。其主要管理技术如下。

(1)温度 将3月中旬至5月中旬的温度控制在上午16℃～28℃，中午前后28℃～32℃，下午28℃～24℃，上半夜22℃～18℃，下半夜18℃～14℃。由中午前后通风逐渐过渡到全天通风。5月中旬以后，撤去草苫，撩起前窗棚膜，大开天窗进行全天大通风，使温室内外温度基本相同。

(2)植株调整和光照管理 越冬茬黄瓜和冬春茬黄瓜的结瓜后期，不仅自然光照时间大大延长，而且随着太阳高度角的增大，光照强度也大大增加，光照条件能充分满足黄瓜植株的需求。但由于此阶段茎蔓长、叶片多，往往造成遮荫而影响植株间光照条件。因此要及时调整植株，一般每株保持20～30片绿色功能叶片，且使其均匀分布，使上中下不同位置的功能叶片都能得到良好的光照。

(3)肥水管理 结瓜后期植株生长势趋弱，根系的吸收能力降低，在肥水供应上要掌握"少吃多餐"的原则，施肥上要随水冲施与叶面喷施并重。一般7～8天浇水追肥一次，以追施氮、钾肥为主，配合喷施含有氨基酸和微量元素的叶面肥。每次追施量为中期每次追施量的1/3～2/3。

(4)加强结瓜后期病虫害的防治 结瓜后期植株内糖分不足，抗霜霉病等病害能力大大降低，虫害也逐渐增多，要注意及时提早防治。

6. 日光温室水果型黄瓜如何进行吊蔓和落蔓？

黄瓜定植结束后，在棚内南北向拉好吊黄瓜蔓的铁丝，每一行扯上一根吊架铁丝，按每一根瓜秧拴一根尼龙吊绳，待黄瓜蔓长出后，将瓜蔓拴在吊绳上。

温室水果型黄瓜的栽培时间长，植株高度可长到3米以上，植株过高，尤其顶到棚顶薄膜时，不仅影响薄膜的正常透光，造成植株间相互遮荫，导致温室内通风透光不良，而且在寒冷冬季容易造成黄瓜龙头冻害。其结果，一方面影响黄瓜的产量和品质，另一方面容易导致病害的发生和传播，不利于黄瓜的正常生长。因此，为使黄瓜植株能连续不断地生长结瓜，提高产量，采取落蔓技术是行之有效的好方法，即将植株轻轻地整体下落，使植株上部有一个伸展的空间，继续让黄瓜生长结瓜，以实现高产优质高效。落蔓的具体方法是：当黄瓜秧爬满架时，开始落蔓。落蔓时先将黄瓜下部的老叶和瓜摘掉，而后将瓜蔓基部的吊钩摘下，瓜蔓即从吊绳上松开，用手将其轻轻下落顺势盘放在小垄沟上的地膜上，瓜蔓下落到理想的高度后，将吊钩再挂在靠近地面的瓜蔓上，将上部茎蔓继续缠绕理顺在吊绳上，保持黄瓜龙头高度一致。在落蔓过程中要注意以下事项。

(1)落蔓前注意事项 一是落蔓前7～10天最好不要浇水，以降低茎蔓组织的含水量，增强其韧性，防止落蔓时造成瓜蔓断裂；二是落蔓前要将下部的叶片和黄瓜摘掉，防止落地的叶片和黄瓜感染病菌传染其他植株。

(2)落蔓时注意事项 一是要选择在晴天落蔓，且不要在上午10时前或浇水后进行，否则，茎蔓组织含水量偏高，脆性增大，韧性偏低，容易折断或扭裂；二是落蔓的动作要轻，不要硬拉硬拽；三是要顺着茎蔓的弯向引蔓下落，盘绕茎蔓时，要随着茎蔓的弯向把茎蔓打弯，不要硬打弯或反向打弯，避免折断或扭裂茎蔓；四是瓜蔓要盘落在地膜上，不要与土壤表面接触，更不能将瓜蔓埋在土中，以防止黄瓜茎蔓产生不定根而失去黄瓜嫁接的意义；五是黄瓜瓜蔓下落的高度一般为0.5～1米，保持有叶的茎蔓距垄面15厘米左右，每株保持功能叶15～20片，瓜蔓下落的具体高度应根据黄瓜生长势灵活掌握。若下部瓜很少或上部雄花多、雌花少，瓜秧生长势旺，可一次多下落些。要注意保证棚内植株间高度相对一致，南北方向要保持南低北高趋势，以利于增强光照。

(3)落蔓后注意事项 一是加强肥水管理，促发新叶。追肥方法为膜下顺沟冲施；二是落蔓后要加强防病措施，根据黄瓜常见病害的种类，及时选用相应的药剂喷洒防病；三是落蔓后3～5天要适当提高温室内的温度，促进茎蔓的伤口愈合；四是落蔓后，及时将茎下部萌发的侧蔓抹掉，以避免其与主茎争夺营养。

7. 日光温室水果型黄瓜怎样整枝？

温室黄瓜栽培中的整枝方式，大多采用挂钩或塑料绳斜吊法进行单干整枝。该方法不仅能使黄瓜全株得到充足而又均匀的光照，而且尤其适合温室长时间的栽培种植。水果型黄瓜雌性系品种居多，多数品种每个节位都有多个雌花发生，因而基本上采用单干整枝法，生产上也都是采用挂钩斜吊法为主，同时配合疏花疏果。水果型黄瓜生长速度快，不易徒长，但容易早衰。在晚春—夏季—早秋这一时间段内，可采用粗放型整枝方式，即用一根短绳把主干牵引到顶端吊绳铁丝上后，任其自然生长。试验证明，采取这种粗放式整枝方式，单茬采收期比挂钩斜吊法短一些，单茬产量也低一些，但在较长一段时间内的总产量并未明显降低；同时，根据温室茬口安排的要求如果一年种植两茬，此种方式就会显出其优越性，可以减少温室闲置期，其两茬的产量与挂钩斜吊法只能种一茬相比，明显要高得多。更为重要的是，采用这种整枝方法可大大降低劳动力成本。

8. 日光温室水果型黄瓜二氧化碳气体施肥有什么作用?

绿色植物在进行光合作用时，都要吸收二氧化碳放出氧气。二氧化碳是植物光合作用的重要原料之一，在一定的范围内，植物的光合产物随二氧化碳浓度的增加而提高。因此，在日光温室栽培条件下增施二氧化碳气肥，可以大大提高作物的光合效率，使之产生更多的碳水化合物，从而提高作物产量。在日光温室水果型黄瓜栽培中，二氧化碳的亏缺是限制其高产高效的重要因素之一。

大气中二氧化碳的含量一般为 300 毫克/米^3，这个浓度虽然能使黄瓜正常生长，但不是进行光合作用的最佳浓度。温室黄瓜栽培密度大且以密封管理为主，通风量小，尽管棚内黄瓜呼吸、有机肥发酵和土壤微生物活动等均能释放出一部分二氧化碳，但只要黄瓜进行短时间的光合作用后，棚内的二氧化碳含量就会急剧下降。根据红外线气体分析仪测试得知，4 月份温室内二氧化碳浓度最高值是早晨揭草苫前，达 1 380 毫克/米^3；日出揭草苫后，随着光照强度的增加和温度的升高，光合速率加快，棚内二氧化碳的浓度快速下降，到 11 时降至 135 毫克/米^3。由此可见，棚内二氧化碳浓度严重偏低。棚内二氧化碳浓度低于自然大气水平的持续时间一般是从 9 时至 17 时，17 时以后，随着光照强度的减弱，停止通风、盖草苫，棚内二氧化碳浓度才逐渐回升到大气水平以上。当棚内温度达到 30℃开始通风后，二氧化碳浓度虽得到外界的补充，但远远低于外界大气水平而不能满足黄瓜正常发育的需要。大量检测结果表明，每日有效光合作用时温室内二氧化碳一直表现为亏缺状态，因而严重地影响了光合作用的正常进行，制约了黄瓜产量的提高。

实践证明，合理使用二氧化碳气肥，能提高黄瓜的光合速率，增加植株体内糖分的积累，从而提高黄瓜的抗病能力。同时，还能使黄瓜叶片和果实的光泽变好，外观品质和瓜内维生素 C 的含量提高，营养品质改善，从而大大提高了水果型黄瓜的商品价值。可使黄瓜增产 30％～70％，效益非常可观。

9. 日光温室水果型黄瓜如何进行二氧化碳气体施肥？

日光温室内二氧化碳气体施肥的方法比较简便，目前常用的主要有：液态二氧化碳释放法、硫酸与碳酸氢铵反应法、碳酸氢铵加热分解法、燃烧气肥棒二氧化碳释放法和固体二氧化碳气肥直接施用法等五种方法。同时，还可以采用微生物法，使增施的有机肥在微生物的作用下缓慢释放二氧化碳，以补充二氧化碳的供给量。

(1)液态二氧化碳释放法 利用钢瓶二氧化碳气进行供应，可根据流量表和日光温室的容积准确控制用量。但由于钢瓶中二氧化碳温度很低(可达－78℃)，在向日光温室中输入前必须使其升温，否则会造成棚内温度下降而不利于黄瓜的生长。因此，在使用钢瓶二氧化碳时，需要通过加热器将气体加热到相对比较恒定的温度再输出。输出时，选用直径为 1 厘米的塑料管通入温室中。由于二氧化碳的比重大于空气，所以必须将塑料管架在距离地面较高的位置，每隔 2 米左右在塑料管上扎一小孔，把塑料管接到钢瓶出口，出口压力保持在 1～1.2 千克/厘米^2，每天根据情况放气 8～10 分钟即可。此法虽然比较容易实现自动控制，但在温度较高的季节不宜采用。

(2)硫酸与碳酸氢铵反应法 该方法是在二氧化碳发生器中通过碳酸氢铵和硫酸反应释放出二氧化碳供给黄瓜进行光合作用。释放二氧化碳的塑料管架设方法同上，所生成的副产物硫酸铵可用作追肥。

(3)碳酸氢铵分解法 用专用容器装入碳酸氢铵加热使其分解出二氧化碳、氨气和水，将分解出的气体通过一个容器过滤，使氨气溶解到水中，只放出二氧化碳，然后通过架设的塑料管释放到保护地中，供黄瓜进行光合作用；氨水可作为肥料。

(4)燃烧气肥棒释放二氧化碳法 直接燃烧制作好的二氧化碳气肥棒，即可产生二氧化碳，供黄瓜吸收利用。此法简便易行，安全，成本低，效果好，易推广。

(5)固体二氧化碳气肥直接施用法 每平方米开 2 穴，将固体二氧化碳气肥按每穴 10 克施入土壤表层，并与土壤混合均匀，保持土壤疏松。施用时勿靠近黄瓜的根部，施用后不要大水漫灌，以免影响二氧化碳气体的释放。

10. 日光温室水果型黄瓜进行二氧化碳气体施肥时应注意哪些问题？

第一，施用二氧化碳气肥时，棚内温度要在 15℃以上，且要在揭开草苫后 1 小时开始施用，通风前 1 小时结束。

第二，施用适期一般在黄瓜坐住瓜后且二氧化碳相当亏缺时，须在晴天上午光照充足时施用，浓度可掌握在 1 500～2 200 毫克/

米^3。另外，要看天气情况施用，少云天气可少施或不施，阴雨雪天气不能施用。

第三，采用硫酸与碳酸氢铵反应法的，对于反应所产生的副产物——硫酸铵，在使用前先用 pH 试纸测其酸碱度。若 pH 值小于 6，需再加入足量的碳酸氢铵以中和多余的硫酸，使其完全反应后方可对水作大田追肥用。在整个反应过程中，要做好气体输出的过滤工序，以减少有害气体的释放。同时，操作中要特别注意防止硫酸溅出或溢出；在稀释浓硫酸时，一定要把浓硫酸倒入水中，千万不能把水倒入浓硫酸中。因为水的比重比浓硫酸小，把水倒入浓硫酸时，水易溅出伤人。碳酸氢铵易挥发，不要将大袋碳酸氢铵放入温室内，以防氨气放出使黄瓜遭受气害；施用时应将其分装成小袋后再带入棚内。

第四，黄瓜施用二氧化碳气肥后，光合作用增强，要相应改善肥水供应，并加强各项管理措施，以达到高产稳产的目的。

七、日光温室水果型黄瓜生理障碍的防治

1. 如何防止日光温室水果型黄瓜化瓜?

刚坐住的黄瓜在膨大时,中途停止生长,由瓜尖至全瓜逐渐变黄、干瘪、最后干枯,俗称化瓜。黄瓜生长过程中出现少量化瓜(约占 1/3)属正常现象,是植株生长过程中自我调节的表现,但大量化瓜则属于异常。特别是越冬茬黄瓜的生长期比较长,要经过一个寒冷的冬季,常常会因为管理不当和气候条件不适宜等原因造成植株生长不良,引起化瓜。严重时,甚至一半以上瓜纽发生化瓜,给生产造成很大损失,从而影响经济效益。

引起化瓜的原因很多,主要是因环境条件及管理措施不当导致植株供应养分不足所致。主要制约因素表现在以下 5 个方面:一是弱光照和较短的光照时间。黄瓜是瓜类作物中比较耐弱光的品种,其光饱和点和光补偿点分别为 5.5 万～6.6 万勒和0.2～0.3万勒。在冬季温室黄瓜栽培中,温室内的光照强度一般仅为自然光照的一半或略高。如果温室内进光量不足自然光照的 1/4 时,黄瓜植株生育不良,往往引起化瓜。黄瓜的光合能力与光照的时间和天气有很大的关系,在一天之内,上午的同化量占全天的 65%～70%,连阴天对黄瓜的生长极为不利,其同化量不及晴天的一半。成株阶段,若遇连阴雨雪天气,植株的光合作用和根系的吸收能力将受到影响,植株很少或不能将营养向营养生长器官和生殖生长器官输送供应,植株会软弱多病,容易化瓜。二是低温或高温。黄瓜生育的界限温度为 10℃～32℃,光合作用最适宜的温度为 24℃～32℃。当冬季温室内温度低于 10℃～12℃时,其生理活动失调,生育缓慢或停止生育,持续低温即引起化瓜;白天气温高

于 32℃、夜间高于 18℃时，正常光合作用受阻，呼吸作用骤增，营养生长易过旺，植株易徒长，叶片提前老化，造成果实发育不良，引起老化。同时，在高温条件下，雌花发育不正常，会出现多种形状的畸形瓜。三是浇水施肥不当。光合作用离不开水，同化物质的运转也是以水为介质进行的。如果水肥供应不足，光合产物减少，可能引起化瓜。若施肥不当，施用氮肥过多，就会造成营养生长过旺，消耗大量养分，也会引起化瓜。在结果初期，棚内高温干旱，尤其是土壤干旱时，由于肥料过多水分不足而伤根；或浇水过多，土壤湿度过大，但地温和气温偏低而发生沤根，或根吸收能力减弱，都会出现化瓜。四是温室内二氧化碳浓度低。温室内夜间二氧化碳浓度可高达 500 毫克/千克，而日出 2 小时后，植株吸收二氧化碳，使温室内二氧化碳浓度降到 100 毫克/千克，这样就会影响黄瓜植株制造养分，导致营养不良而引起化瓜。五是栽培管理措施不当。如苗期温湿度、肥水控制管理不科学，育出的苗出现"花打顶"；结果期管理不善，雌花分化过多，黄瓜栽培密度过大，植株竞争吸收养分，造成营养不足；植物生长调节剂浓度过大，配比不科学，坐瓜太多；病虫害发生严重时，阻碍植株产生养分而供应瓜条生长等诸多因素，均会引起化瓜。

防止黄瓜化瓜，就要针对引起黄瓜化瓜的原因，根据以前所述的管理措施，须从以下 5 个方面加强管理：①提高日光温室的采光性能，延长棚室的采光时间；②增加贮热御寒保温设施，提高棚温；③适时合理地浇水和施肥；④增施二氧化碳气肥，促进光合作用；⑤及时采收下部瓜，正确使用叶面肥和植物生长调节剂。可喷施硫酸亚铁、磷酸二氢钾等，合理使用植物生长调节剂浓度，用毛笔蘸 50～100 毫克/升赤霉素＋40 毫克/升萘乙酸溶液用顺瓜涂抹或点涂雌瓜，或用手持喷雾器喷瓜，不仅能减轻、减少化瓜，而且可促进瓜条膨大，增加产量。

2. 怎样防治黄瓜花打顶?

黄瓜花打顶是指黄瓜植株生长点处节间呈缩短状,出现茎端密生小瓜纽,而不见生长点伸出,上部叶片小而密集,生长停滞造成封顶。

造成黄瓜花打顶的主要原因是根系衰弱,吸收养分差,植株缺乏氮、钾供应或生育中后期氮素和钾素养分供应不及时,造成营养生长不良。其具体原因,一是土壤干旱缺水,蹲苗过狠,使肥水供应不足,导致植株生长停滞;二是温度偏低,使白天制造的营养物质夜间向生长点处输送量不足,使植株营养生长受抑制;三是土壤温度偏低,黄瓜根系发育差,不能充分吸收土壤中的营养以进行光合作用;四是过量施肥,伤根严重,影响根系的吸收功能;五是应用植物生长调节剂浓度过大,使用农药造成药害,或栽培季节不适宜。

防治黄瓜花打顶,主要是采取以下八项措施:①防止土壤缺水,保持土壤湿润。②防止日光温室温度过低,尤其夜间温度不要低于13℃,应保持在18℃～15℃,白天保持28℃～30℃。③施肥要适量,追肥不超标,避免烧根、伤根。④尽量少用或不用植物生长调节剂,若需用乙烯利、矮壮素等生长素处理时,要严格掌握好适宜浓度。⑤采用5毫克/千克萘乙酸水溶液和1.8%复硝酚钠3000倍液混合灌根,刺激新根快速生长。⑥摘除植株上可以见到的全部大小瓜纽,以减轻植株结瓜负担;⑦叶面喷施磷酸二氢钾1000倍液或其他叶面肥。⑧冲施海绿素、抗茬宁、甲壳素、钾宝等进行养根,增强根系吸收能力。

3. 冬春季节日光温室水果型黄瓜常出现皴皮现象是什么原因?如何防治?

黄瓜皴皮现象是指黄瓜表皮出现皱缩、白霜等症状,其成因有以下3个：一是温室内空气湿度大，通风过急，使温度骤变；二是蘸花时所用的生长激素类药浓度配比不当；三是施用黄瓜比较敏感的刺激性药物。防治皴皮的措施有4条：①降低温室内湿度。②缓慢通风。③避免使用黄瓜敏感的药物。④喷施禾丰硼、果蔬钙肥等叶面肥，以增加黄瓜表皮韧性，减少皴皮。

4. 如何防治日光温室水果型黄瓜栽培过程中出现的气害?

在日光温室黄瓜生产中，如果棚室内透气性差，尤其是在冬春季节，由于气温偏低，通风时间较短，通风量较小，这些情况均会影响日光温室内进行正常的气体交换，导致有害气体在棚内积聚较多，使黄瓜受到多种有害气体的侵害，从而使黄瓜出现多种病态，造成黄瓜发生叶枯，严重时导致植株死亡，给生产造成很大损失，因此必须加以有效防治。最常发生且危害较重的是氨气和亚硝酸气，偶尔也会发生二氧化硫气和棚膜挥发的有毒气体的危害。

氨气害和亚硝酸气害的区别是：氨气害受害部位变褐色，而亚硝酸气害受害部位变白色。

(1)氨气危害的防治

①受害症状　受害植株中部的叶片首先表现症状，后逐渐向上向下扩展，受害叶片的叶缘、叶脉间出现水浸状斑点，严重时出现水浸状大型斑块，而后叶肉组织白化、变褐，2～3天后受害部干枯，病健部界限明显。叶背面受害处有下凹状。受到过量氨气危害的黄瓜，突然揭去覆盖物时，则会出现大片或全部植株如同遭受酷霜或强寒流侵袭的样子，植株最终变为黄白色。

②发生原因　日光温室内氨气大量发生并迅速积累，通常是由施肥不当造成的。施入易挥发氮肥，如氨水、碳酸氢铵，或一次性施入过多的尿素、硫酸铵、硝酸铵等，施后又没有及时盖土或灌水，都会释放出氨气。另外，施入有机肥过多或施入未腐熟的有机

肥时，也会释放出大量氨气。如果温室内空气中氨气的含量达到 4.5～5.5 毫克/米^3 时就会对黄瓜产生危害。

③*防治措施* 一是科学施肥。避免偏施氮肥，不要在温室的地表施用可以直接或间接产生氨气的肥料；施用有机肥作基肥时，一定要充分腐熟后施用；化肥和有机肥要深施；用肥料追肥要少量多次，适墒施肥或施后灌水，使肥料能及时分解释放。二是经常注意检查是否有氨气产生。操作人员在进入温室时，首先要注意室内的气味，以便及时发现。当嗅出有氨味时，立即用 pH 试纸蘸取棚膜上的水滴进行测试，而后与比色卡进行比色，读出 pH 值。正常情况下 pH 值为 7～7.2。当 pH 值大于 8 时，表明有氨气的发生和积累，必须及时通风排气，否则容易发生氨气中毒现象。也可以用舌尖舔一下试纸，如果有滑溜溜的感觉，则可认为有氨气积累。如果发现温室内氨气含量过高，可在温室内洒些水，以吸收氨气和亚硝酸气体，减轻其危害。三是及时救治。当温室内黄瓜出现氨气中毒症状时，除通风排气外，要采取以下措施化解危害：①快速灌水，以降低土壤肥料溶液浓度。②根外喷施惠得、硕丰 481、高美施等活性液肥，浓度为 1∶500 倍液，能较好地平抑植株体内和土壤的酸碱度。③在植株叶片背面喷施 1%食用醋溶液，可减轻和缓解危害。在植株受害尚未枯死时，应去掉受害叶，保留尚绿的叶；通风排出有害气体后，加强肥水管理，促使受害植株恢复生长。

(2)二氧化氮气害的防治

①*危害症状* 二氧化氮主要危害叶肉，它是从叶片气孔侵入叶肉组织的，先侵入的气孔部分成为漂白斑点状，严重时除叶脉外，叶肉全部漂白致死。中位叶首先发生，后逐渐扩展至上、下部叶片，受害部分与健康部分的界限比较分明，从叶背看，受害部分呈下凹状。

②*发生原因* 二氧化氮的产生是由于土壤中施入过量的氮肥。一般情况下，施入土壤中的氮肥都要经过有机态—铵态—亚

硝酸态—硝酸态的变化过程，最后的硝酸态氮供作物吸收利用。但如果土壤是强酸性或施肥量大，氮肥分解的过程就会在中途受阻，使得亚硝酸不能顺利转化为硝酸而在土壤中大量积累。在土壤呈强酸性的条件下，亚硝酸变得不稳定而发生气化，产生亚硝酸气释放于空气中，当空气中二氧化氮浓度达到 2 毫克/米^3 时，就会发生毒害。

发生二氧化氮气害还有一个重要条件，即必须有经过在强酸、高盐浓度条件下驯化了的土壤微生物(反硝化细菌)的大量存在，在这一前提下，土壤高度酸化和铵的积累，才能发生二氧化氮气体的挥发。由于连作棚室的土壤里存在着大量的反硝化细菌，所以二氧化氮气害多发生在老温室内。

③防治措施　一是实施配方施肥技术，特别注意不要一次施用过量的氮肥；二是加强通风；三是叶面喷施碳酸氢钠 1 000 倍液以减轻危害，并有向棚内释放二氧化碳的作用。

(3)二氧化硫危害的防治

①危害症状　当温室内二氧化硫的浓度达到 0.5～10 毫克/米^3 时，就会对黄瓜造成危害。二氧化硫气体首先由气孔进入叶片，然后溶解浸润到细胞壁的水中，使叶肉组织失去膨压而萎蔫，产生水浸状斑，最后变成白色，在叶片上出现界限分明的点状或块状坏死斑。受害较轻时，斑点主要发生在气孔较多的叶背面；严重时，斑点可连成片。

②发生原因　二氧化硫的产生多是由于在温室黄瓜生长期间错误的用硫磺粉熏蒸消毒而造成，或由于含有硫化物的烟气进入温室所致。

③防治措施　黄瓜受到二氧化硫危害后，应及时喷洒碳酸钡、石灰水、石硫合剂或 0.5%的合成洗涤剂溶液。冬季需要生火补温时要严防烟气泄漏到温室内，一旦闻到有烟味，就应立即开窗换气，并适当浇水、追肥，以减轻危害。此外，建造温室应避开大量燃

煤的工厂区。

(4)棚膜挥发有毒气体危害的防治

①*危害症状* 有些塑料薄膜在使用过程中会产生一些挥发性物质,如乙烯、氯气及邻苯二甲酸二异丁酯等,它们均能通过黄瓜叶片上的气孔或水孔进入叶片组织,破坏组织细胞及叶绿体,使光合作用明显减弱,造成黄瓜植株生长缓慢,甚至停止,使叶片变黄、垂萎,最后枯死,严重影响黄瓜的产量和品质。

②*发生原因* 塑料薄膜在使用过程中产生的有毒挥发性气体导致危害。

③*防治措施* 选用无毒塑料薄膜,不使用掺入较多增塑剂的塑料薄膜做棚膜。如果发生气体危害,应立即妥善处理,可叶面喷洒含有甲壳素成分的叶面肥等。另外,要注意在冬季及时通风,建议一天进行三次通风,可有效地防止气害带来的影响。此外,在温室内使用烟雾剂类农药过量时,也会对黄瓜造成危害,所以燃用烟雾剂类农药时,一定要按照使用说明进行燃放。

5. 在日光温室水果型黄瓜栽培中出现药害怎么办?

(1)药害症状 施用农药后,黄瓜的正常生理功能或生长发育受到阻碍、细胞或组织遭到破坏,致使黄瓜植株表现出异常现象,此现象称之为药害。不同类型的农药造成的药害,其表现症状也各不相同,需要认真加以具体的科学识别,才能找到解救的具体措施。

①*急性药害* 黄瓜在用药后,短时间内就会出现明显的异常现象,有的2～3小时,有的1～3天,症状发展速度快、危害严重。一般表现为叶片烧伤、变黄或褪色甚至脱落,以及落花落果等。首先是叶片烧伤。最常见的是叶脉间变色和叶缘尤其是滴药水处变白或变褐色,叶表受到较轻药害时,失去光泽。受害叶片的特点:一般是中部叶及功能叶严重,嫩叶及上部叶片变色比下部严重。

然后是叶变色或脱落。植株根部受药害、肥害及大水闷根时，心叶、小叶变成黄色或褐色。对药物敏感则大叶变黄，如黄瓜上施用辛硫磷会引发叶片发黄、脱落。

②慢性药害　施药后，一般经过较长的时间才表现出症状，发展速度较慢，危害也相对较轻。一般表现为生长缓慢、落花落瓜和黄瓜晚熟等现象。一是抑制生长。用药浓度偏高时，容易造成生长受抑制现象的发生。二是落花落瓜。当烧叶、黄叶等药害现象发生时，多数也会引起落花落瓜。此外，花期喷用浓度偏高的乙烯利，喷施农药防治病虫害时也会引发授粉不良导致落花落瓜。所以，提倡花期尽量少喷药、少喷施叶面肥，非施用不可时也要尽量避开花朵。

③残留药害　上茬或上年作物施用的农药或农药的分解产物残留在土壤中，对下茬或后续作物产生药害。如玉米田施用的西玛津可残留在土壤中，两年之内还会对黄瓜产生药害，一般表现为叶片枯萎，严重时会造成植株枯死。施用多效唑或特普唑量大时，也会导致下茬或下季作物生长缓慢，解救的方法是喷施 30～40 毫克/千克赤霉素溶液以缓解药害。

(2)发生原因　黄瓜植株施用农药后，多从气孔、皮孔、水孔或伤口进入到黄瓜体内；有的可由根部吸收到植物体内；还有的可以通过叶、茎、花、根的表皮渗入到植物体内。当农药种类选用不当，施用浓度过高或者药量过大，使用时间不佳或使用方法不妥，黄瓜植株衰弱导致抗药力差时，都容易发生药害。

引发药害的机制主要是药剂的微粒可能直接堵塞叶表气孔、水孔，或进入组织内堵塞了细胞间隙，造成黄瓜植株的呼吸、蒸腾、光合作用受到严重影响；药剂进入植株细胞或组织后，也可以与其体内一些内含物发生化学反应产生有害物质，使黄瓜正常生理功能和新陈代谢受到干扰或破坏，从而表现出一系列的生理病变和组织病变，以至于外部形态上出现特异性的异常表现。

(3)防治措施 一是谨慎选用、混用及使用农药。选用农药时,一定要考虑药剂对黄瓜的安全性。混配药剂时要做到科学合理,不可随意混用。施药应以混用后不起不良反应,不对黄瓜造成不良伤害为原则,不能混用的药剂一定要单独使用。此外,要注意药剂现配现用,使用时要做好试验,避免因盲目喷药剂而造成药害。要严格按照农药使用说明中规定的浓度、剂量进行施用;喷药时要细致、均匀,避免局部着药过多。二是尽量避免在黄瓜耐药力弱时喷药。一般苗期、开花期用药易出现药害,要特别注意。不要在高温、烈日的中午喷药,因为在高温强光下,黄瓜耐药力减弱而药剂活性增强,容易产生药害。三是药害一旦发生,应及时采取补救措施。注意做到及时发现药害,立即喷洒 2～3 遍清水,可减轻药害的危害程度。种芽、幼苗药害较轻时,应及时中耕松土,适量增施氮肥,促进幼苗早发,尽快进入正常生长发育期。叶片、植株药害较重时,要及时浇水,增施充分腐熟的有机肥及磷、钾肥,并中耕松土。根据黄瓜的生长势及发育规律调控温、湿度,促进根系发育,提高黄瓜抵抗药害的能力。同时,可叶面喷施硕丰 481、绿茵素等叶面肥,可有效地缓解药害。如果植株生长缓慢,可喷施芸薹素内酯及细胞分裂素等,促进黄瓜植株迅速生长,减轻药害的危害程度。四是要注意不要乱用喷雾器。千万不能用刚喷洒过除草剂的喷雾器来喷洒其他农药,有的菜农误以为喷雾器经冲刷后就不会出现药害,实际上即使洗刷多遍,也有可能出现药害。

6. 黄瓜叶片发生的生理病害有哪些？怎样防治？

黄瓜叶片常见的生理性病害主要有花斑叶、褐斑叶、生理性积盐、枯边叶和生理性萎蔫等。

(1)花 斑 叶

①*症状* 花斑叶是日光温室黄瓜栽培中常见的生理性病害。多发生在植株中部叶片,初期叶片出现深浅不一的花斑,花斑逐渐

变黄，叶面出现凹凸不平的形状，凸部出现黄褐色后变黄变硬，叶缘四周下垂。

②*发生原因*　花斑叶是由于糖类物质（碳水化合物）积累在叶片中引起的。由于叶面光合作用所制造的养分不能及时输送到果实中所致。叶片发硬、变黄是由于糖分积累导致生长不平衡造成的，主要是夜温尤其是上半夜温度偏低的原因，导致叶片白天进行光合作用产生的糖类不能及时输送而积累在叶片中间形成花斑叶。此外，由于黄瓜植株体内钙、镁、硼等营养不足也可能造成糖类输送受阻而产生。

③*防治措施*　一是根据黄瓜一天中生理活动对温度的要求来调控温度，即白天上午保持在28℃～30℃，下午保持在25℃左右，上半夜保持在20℃～15℃，下半夜保持在13℃左右，有利于叶片中的糖类物质及时输送出去。二是多施充分腐熟的有机肥，以补充钙、镁、硼等中微量元素。三是合理浇水，不能控水过度，也不能大水漫灌。四是不要盲目加大杀菌剂的用量，尤其不要施用含铜过高的杀菌剂，因为铜浓度高将抑制作物细胞分裂生长，从而容易导致花斑叶。

(2)褐斑叶

①*症状*　多发生在中上部叶片上，叶片顺着叶脉出现坏死，主脉变褐色，叶脉产生黄色小斑点或条纹近似于褐色。严重时叶脉、叶柄、茎蔓茸毛基部变成黑褐色。

②*发生原因*　由于锰过多而引起的锰中毒。土壤中的活性锰因受土壤生理活性和施肥状况影响很大，使土壤偏酸性、黏重、有机质含量高，遇土壤低温高湿时，土壤中的锰呈还原状态，活性增加而易被植株吸收，导致锰中毒。此外，为防治霜霉病等病害，过多地施用含锰、锌类的杀菌剂，也会导致锰中毒。

③*防治措施*　尽量不要连续施用含锰、锌类农药。同时，要采取措施改良土壤理化性质，合理施肥，增施有机肥和钙肥，可增施

禾健多黏芽孢杆菌，每 667 平方米用施 75～100 千克，适度浇水，避免土壤阴湿。一旦有褐斑叶出现，要加强肥水管理，及时增施含磷、钙、镁的叶面肥。

(3)生理性积盐

①症状　叶片晚上有水滴沉积，晴天通风后，叶边缘出现白色盐渍呈不规则半牙形。

②发生原因　因化肥使用量过多导致土壤溶液浓度升高，植株吸收后，盐分随着植株流到叶缘水孔处，使叶片出现吐水，日出后表面水分蒸发，出现盐渍。

③防治措施　不要过量施用化学肥料，注意增施有机肥，可选用生物活性有机肥以活化土壤。

(4)枯 边 叶

①症状　黄瓜叶边出现干枯。

②发生原因　土壤中盐分过高，造成病害。温室内空气相对湿度过大，阴天乍晴后突然通风过大，植株不适应，易造成盐害。

③防治措施　谨慎施用大量化学肥料，不要选用氨味过重的肥料，要注意多施有机肥。

7. 日光温室水果型黄瓜叶片急性凋萎是何原因？如何防治？

(1)症状　日光温室水果型黄瓜在栽培过程中，植株生长发育正常，但在短时间内，少则几个小时，多则一二天，黄瓜整株叶片萎蔫，随之茎叶凋萎而死，死后瓜秧仍然保持绿色。所以，菜农常常称之为“青枯”。一旦发生青枯，如果处理不及时或处理不当，就会造成植株大面积死亡，损失严重。

(2)发生原因　在日光温室水果型黄瓜保护地栽培过程中，遇低温连阴雾天或雨雪天气不揭开草苫，黄瓜不能正常进行光合作用，植株处于饥饿状态，温度低，根系活动很微弱，一旦天气突然晴朗，揭开草苫后，室温很快上升，空气相对湿度下降，黄瓜叶片蒸腾量大，蒸腾速度快，而低温低，根系弱，不能及时充分吸收水分补充叶片蒸腾消耗，造成叶片急性萎蔫。如果不及时采取措施，则会由暂时萎蔫迅速地发展为永久性萎蔫，造成茎叶凋萎。

(3)防治措施 一是温室黄瓜在栽培过程中，遇低温连阴雾天或雨雪天气，一旦天气晴朗，不要急于全部揭开草苫，要采取揭花苫的方式，即草苫隔一床揭一床，使瓜秧逐渐适应，直至最后全部揭开。二是揭开草苫后，一旦发现植株萎蔫，要立即放下草苫，等到叶片恢复正常时，再揭起草苫。这样反复几次后，瓜秧就不会再萎蔫。三是如果出现叶片萎蔫比较严重的现象，可以往叶片上喷洒清水，防止过度萎蔫，使叶片难以恢复正常。

8. 怎样识别和防治日光温室水果型黄瓜营养元素缺乏症？

(1)缺 氮 症

①症状 一是从下部叶到上部叶逐渐变小、变薄、变黄。因为作物体内的氮素化合物有高度的移动性，能从老叶转移到幼叶，所以缺氮症状通常先从老叶开始，逐渐扩展到上部幼叶；二是开始叶脉间黄化，叶脉凸出可见。最后全叶变黄，且黄化均匀，不表现斑点状；三是花小、坐瓜少，瓜条生长发育不良，瓜表现为“尖嘴瓜”且颜色变浅；四是缺氮严重时，整个植株黄化，不能坐瓜；五是在土壤缺氮时，如果钾素再供应不足，黄瓜将表现为蔓细、叶小、叶缘失绿，果实不能正常膨大，或出现化瓜。

②发生原因 一是土壤本身含氮量低；二是土壤有机质含量低，有机肥施用量过少，造成土壤供氮不足；三是种植前大量施用未腐熟的作物秸秆或有机肥，碳素多，其分解时会夺取土壤中的氮；四是土壤板结，可溶性盐含量高，黄瓜根系活力减弱，吸氮量减少，也容易表现出缺氮症状；五是产量高，收获量大，从土壤中吸收

氮多而追肥不及时。

③防治措施　一是施用新鲜的有机物作基肥，并增施氮肥；二是施用完全腐熟的堆肥，并实行深施；三是土壤板结时，可多施用生物活性有机肥；四是应急追施速效氮肥，每667平方米施用5～6千克纯氮，将其溶解在灌溉水中，随浇水一起施入土中。也可叶面喷施0.2%～0.5%尿素溶液。

(2)缺磷症

①症状　一是植株生长受阻，茎短而细，矮化；叶片小，叶色浓绿、发硬，稍微向上挺，老叶有明显的暗红色斑块，有时斑点变褐色，下位叶片易脱落；二是须根发育不良；三是瓜小，成熟晚。

②发生原因　一是土壤含磷量低；二是有机肥、磷肥施用量小；三是地温影响，温度偏低对磷的吸收就少，日光温室保护地栽培在冬春或早春季节易发生缺磷症；四是多年连作的酸性土壤容易缺磷；土壤如果是酸性，磷就会变为不溶性，虽然土壤中有磷素存在，但也不能被吸收。

③防治措施　一是黄瓜是对磷不足非常敏感的作物，土壤缺磷时，除了施用磷肥外，预先要培肥土壤；二是苗期需磷量大，注意增施磷肥；三是施用堆肥、精制有机肥、生物有机肥等有机肥料；四是防止土壤发生酸化。对于酸性土壤，适度改良土壤酸度，可提高磷肥肥效；五是叶面喷施0.2%～0.3%磷酸二氢钾溶液。

(3)缺钾症

①症状　一是在黄瓜生长早期，叶片小，叶色呈青铜色而叶缘出现轻微的黄化，在次序上先是叶缘，然后是叶脉间黄化，顺序非常明显。二是在生育的中、后期，中部叶附近出现和上述相同的症状。三是叶缘枯死，随着叶片不断生长，叶向外侧卷曲，严重时叶缘呈烧焦状干枯。四是叶片稍有硬化。五是瓜的膨大伸长受阻，出现畸形瓜多，容易形成尖嘴瓜或大肚瓜。

②发生原因　主要是土壤中含钾量低，有机肥和钾肥施用量

少;地温低,日照不足,湿度过大,施用铵态氮肥过多等因素阻碍土壤对钾的吸收。

③防治措施　一是施用足量的钾肥,特别是生育中后期不能缺钾;二是施用充足的有机肥或生物有机肥;三是追施钾肥,每667平方米追施硫酸钾15～20千克。四是叶面喷洒0.2%～0.3%磷酸二氢钾溶液,或1%的草木灰浸出液,或磷钾动力750倍液。

(4)缺钙症

①症状　一是上部叶形状稍小,向内侧或外侧卷曲。二是长时间连续低温,日照不足,骤晴,高温,生长点附近的叶片叶缘卷曲枯死,呈降落伞状。三是上部叶的叶脉间黄化,叶片变小,在叶片出现症状的同时,根部枯死。四是严重缺钙时,叶柄变脆,易脱落,植株从上部开始死亡,坏死组织呈灰褐色。五是花比正常小,黄瓜小,风味差。

②发生原因　一是在多肥、多钾、多氮的情况下,钙的吸收受到阻碍;或遇有连阴天,地温低,根的吸水受到抑制,再遇晴天,对钙的吸收不充足时,都可能发生缺钙症状。二是空气相对湿度小,蒸发快,补水不足时易发生缺钙。三是多年不施钙肥,土壤本身缺钙。

③防治措施　一是土壤钙不足,可施用含钙肥料,如硅、钙肥等。二是施用农家肥、腐殖酸肥料和生物有机肥,缓冲钙波动的影响。三是平衡施肥,避免一次施用大量的钾肥和氮肥。四是要适时浇水,保证水分充足。五是日光温室保护地栽培,深冬和早春期注意保温。六是用0.3%氯化钙水溶液或果蔬钙肥1 000倍液喷洒黄瓜叶面。

(5)缺镁症

①症状　黄瓜在生长发育过程中,生育期提前,黄瓜开始膨大并进入盛期的时候,下部叶叶脉间的绿色渐渐地变黄,进一步发

展，除了叶脉、叶缘残留点绿色外，叶脉间全部黄白化。生长后期缺镁时，叶片上可出现明显的绿环。

②发生原因　土壤本身含镁量低；钾肥、铵态氮肥用量过多，阻碍了黄瓜对镁的吸收；黄瓜连续收获量大，而镁肥的施用量不足。

③防治措施　定植前施用足够的含镁肥料；避免一次施用过量的钾肥和氮肥；缺镁严重时，可用1%～2%硫酸镁水溶液喷洒叶面。每10天喷1次，连喷2次，即可缓解缺镁症状。

(6)缺锌症

①症状　一是从中部叶片开始褪色，与健康叶比较，叶脉清晰可见。二是随着叶脉间逐渐褪色，叶面上出现小黄斑点，叶缘从黄化到变成褐色。三是因叶缘枯死，叶片向外侧稍微卷曲。四是果实短粗，果皮形成粗绿细白相间的条纹，绿色较浅。五是缺锌严重时，生长点附近的节间缩短，植株叶片硬化。

②发生原因　一是光照过强易发生缺锌。二是若吸收磷过多，植株即使吸收了锌，也表现缺锌症状。三是土壤碱性高，即使土壤中有足够的锌，但不溶解，也不能被黄瓜吸收利用。

③防治措施　一是不要施用过量的磷肥。二是土壤缺锌时，可每667平方米施用硫酸锌1.5～2千克。三是应急喷施0.1%～0.3%硫酸锌水溶液，也可以用禾丰锌3 000倍液或惠得营养液1 000倍液喷洒叶面。

(7)缺硼症

①症状　一是生长点附近的节间显著缩短。二是上部叶向外侧卷曲，叶缘部分变褐色。三是当仔细观察上部叶叶脉时，有萎缩现象。四是黄瓜上有污点、表面出现木质化。五是根系不发达。

②发生原因　一是在酸性的砂壤土上，一次施用过量的碱性肥料，易发生缺硼症状。二是土壤干燥影响对硼的吸收，易发生缺硼现象。三是土壤有机肥施用量少，在土壤碱性高的日光温室的

土壤也易发生缺硼。四是施用过多的钾肥，影响了对硼的吸收，易发生缺硼。

③防治措施　一是温室内土壤缺硼时，可预先增施硼肥，定植前每667平方米施用硼砂0.5～1千克。二是适时浇水，防止土壤干燥。三是多施腐熟的有机肥，提高土壤肥力。四是增施磷肥，可促进硼的吸收。五是应急时用0.12%～0.25%硼砂或硼酸水溶液喷洒叶面，或用禾丰硼1000倍液喷洒叶面。

(8)缺铁症

①症状　一是植株的新叶除了叶脉外，全部黄化，随后叶脉也逐渐失绿；新叶的叶脉间先黄化，逐渐的全叶黄化，但叶脉间不出现坏死症状。二是腋芽出现与上述同样的症状。三是开花结果后，果实生长慢，表皮浅灰绿色，质地硬，不能食用。

②发生原因　土壤中磷肥施用过量；碱性土壤，土壤中铜、锰元素过量，土壤过干、过湿及温度低，均容易发生缺铁现象。

③防治措施　一是尽量少用碱性肥料，防止土壤呈碱性，保持土壤pH值在6～6.5。二是加强土壤水分管理，防止土壤过干或过湿。三是缺铁的土壤，每667平方米可施用2～3千克硫酸亚铁作基肥。四是应急时可用0.1%～0.5%硫酸亚铁溶液或禾丰铁3000倍液或100毫克/千克柠檬酸铁水溶液喷洒叶面。

9. 如何识别和防治水果型黄瓜营养元素过剩症？

(1)氮素过剩症

①症状　叶片肥大而浓绿，中下部叶片出现卷曲，叶柄稍微下垂，叶脉间凹凸不平，植株徒长。受害严重时，叶片边缘受到随“吐水”析出的盐分危害，出现不规则的黄化斑，并会造成部分叶肉组织坏死。受害特别严重的叶及叶柄萎蔫，植株在数日内枯萎死亡。

②发生原因　施用铵态氮肥过多，特别是遇到低温或把铵态氮肥施入到已经消毒处理的土壤中，使硝化细菌或亚硝化细菌的

活动受到抑制，铵在土壤中积累的时间过长，引起铵态氮过剩；易分解的有机肥施用量过大；日光温室种植年限长，土壤盐渍化。

③防治措施　一是实行测土配方施肥，根据土壤养分含量和黄瓜生长的需要，对氮、磷、钾和其他微量元素实行合理搭配，科学施用，尤其不可盲目施用氮肥。在土壤有机质含量达到 2.5%以上的土壤中，避免过量施用有机肥，腐熟鸡粪的用量每 667 平方米不能超过 5 000 千克。二是在土壤养分含量较高时，提倡以施用腐熟的农家肥为主，配合施用氮素化肥。三是如发现黄瓜有缺钾缺镁症状时，应首先分析原因，若因氮素过剩引起缺素症，应以解决氮过剩为主，配合施用所缺的肥料。四是如发现氮素过剩，在地温高时可加大灌水缓解，喷施适量的甲哌鎓，延长光照时间；同时注意防治蚜虫、霜霉病等病虫害。

(2)硼过剩症

①症状　种子发芽出苗后，第一片真叶顶端变褐色，向内卷曲，逐渐全叶黄化；幼苗生长初期，较下部的叶片叶缘黄化，叶片叶缘呈黄白色，而其他部位叶色不变。

②发生原因　首先要了解前茬作物是否施用较多的硼砂，或是含硼的工业污水流入田间。黄瓜植株叶片的叶缘黄化的原因可能是盐类含量过多，或者土壤中钾过剩等，不单纯是硼过剩的结果。人工施用硼肥后，若下部叶片的叶缘黄化症状进一步发展为叶内黄化并脱落，则可能是硼过剩的原因。

③防治措施　如果土壤酸性过大，出现硼过剩的症状就越明显、越严重。所以，施用石灰质肥料可以改变土壤的 pH 值，消除土壤酸性。石灰质肥料一般选用碳酸钙，它比氢氧化钙更安全。此外，当硼过剩时，可以浇大水，以水溶解过量的硼并淋溶带走一部分硼。浇大水时配合施用石灰质肥料，对防治硼过剩症效果会更好。

(3)锰过剩症

①症状　先从下部叶开始，叶片的网状脉变褐色，然后主脉变褐色，沿叶脉的两侧出现褐色斑点（褐脉叶），先从下部叶开始，然后逐渐向上部叶发展。

②发生原因　土壤酸化，大量的锰离子溶解在土壤溶液中，容易引起黄瓜锰中毒。在施用过量未腐熟的有机肥时，容易使锰的有效性增大，也会发生锰中毒。

③防治措施　土壤中锰的溶解度随着 pH 值的降低而增高，所以，施用石灰质肥料可以改变土壤酸碱度，从而降低锰的溶解度。在土壤消毒过程中，由于高温、药剂的作用等，也会使锰的溶解度加大。因此，为防止锰过剩，消毒前要施用石灰质肥料，注意田间排水，防止土壤过湿，避免土壤溶液处于还原状态。施用有机肥料时，必须完全腐熟后才能施用。

10. 日光温室水果型黄瓜产生苦味的原因及防治措施是什么？

黄瓜出现苦味是因为黄瓜植株内有一种叫苦味素的物质，该物质以黄瓜瓜柄基部含量最高，并且可以遗传，其含量随黄瓜的类型、品种、栽培条件不同而不同。过量食用苦味瓜能使人出现呕吐、腹泻、痉挛等中毒症状。因此，在黄瓜栽培过程中，尤其是水果型黄瓜主要以生食为主，应采取必要措施，杜绝苦味瓜的形成，保证食用安全。防止出现苦味黄瓜的主要措施如下。

(1)合理调控温室温度，避免低温或高温　一是当气温或地温低于 13℃时，细胞渗透性降低，对养分和水分的吸收受到抑制，黄瓜易出现苦味；二是大棚温度高于 30℃且持续时间过长也会导致黄瓜发苦。因此，要尽量增强日光温室的增温保温性能，调控好温度，避开苦味瓜形成的温度界限。

(2)合理调控土壤水分，做到适时浇水　一是在气温较高、土壤水分较少的情况下，植株发生生理干旱，易产生苦味瓜。此时要及时给黄瓜供应水分，以保持植物组织的膨压、植株体温的稳定等。二是浇水应做到少量多次，水温不可过低，防止植株体内水分的亏缺导致黄瓜苦味素的形成。三是要注意定植后不应过度蹲苗，否则根瓜易发苦。

(3)配方施肥，平衡施肥 ①根部施肥。幼苗期应控制施用氮肥，避免植株徒长。到开花结果盛期，黄瓜对氮、磷、钾吸收的比例基本上是 5∶2∶6，这个阶段要加强氮肥和钾肥的供应。②根外追肥。在苗期、始花期和幼瓜期叶面喷施稀土微肥 1 次；在盛花期和盛果期每 667 平方米用尿素 0.5 千克加水 150 升搅拌均匀后进行叶面喷施。

(4)做到合理密植 密度不宜过大，定植过密、光照不良会导致黄瓜苦味加重。要根据水果型黄瓜的品种特性合理确定黄瓜定植密度，并注意及时吊蔓、绑蔓、打掉老叶等，增加光照，减少苦味瓜的产生。

(5)注意保护根系 防止根部机械损伤，伤根会使黄瓜苦味加重。在嫁接育苗、运输及定植过程中一定要注意保护好根系，应采用垄作地膜覆盖栽培，松土时应前期稍深，后期稍浅，注意保护根系。

11. 如何预防水果型黄瓜出现畸形瓜？

黄瓜畸形主要是指在生产中出现的尖嘴、大肚、细腰、弯瓜等，这不仅影响黄瓜产量，而且影响其商品性和商品价值，严重降低商品质量，给广大菜农造成极大的损失。

(1)畸形瓜形成的原因 阴雨天多，晴天少，夜间温度高，昼夜温差小；灌水忽多忽少，易出现细腰瓜。植株生长过旺，瓜和秧生长失调或瓜秧得病，多产生弯瓜。营养不足，植株生长势弱或受蚜虫、霜霉病等危害严重，易形成尖嘴瓜。温度高、水分大、植株生长较旺盛，瓜条生长较快，或在黄瓜开花期出现低温、连阴雨、地温低等，造成授粉不良，授粉的先端先膨大；营养不足，或水分不足，瓜顶端种子形成多，长得粗，而瓜的中下部种子少或无籽，长得细，形成大肚瓜。黄瓜在花芽分化期遇低温，往往易形成短小的畸形瓜球。

(2)防治措施 ①科学控温。在黄瓜育苗期要提供适宜温度，特别是在出现两片真叶前，昼夜温差要求大一些，夜间最低温度不得低于10℃，以免形成畸形子房，长成畸形瓜。黄瓜结瓜期昼夜温差要大些，结瓜期白天温度最好不要超过30℃，夜间温度上半夜保持16℃～18℃、下半夜保持13℃～15℃；要加强通风，防止超过30℃的高温，保证正常授粉受精，使瓜条生长粗细匀称。②合理施肥。施足基肥，增施有机肥和磷、钾肥。追肥采取少量多次的方法，收瓜后追第一次肥，以后每隔10天左右追1次肥，严格控制氮肥施用量，适当增施磷、钾肥，氮、磷、钾比例为5∶2∶6至5∶3∶6，防止植株徒长。在生长中后期叶面喷施0.2%磷酸二氢钾溶液，防止植株早衰，增强后劲。③合理浇水。在黄瓜生长期间，特别在结瓜期，不能因为黄瓜喜肥水就大量追肥、灌水，造成"跑秧"，更不能忽干忽涝。晴天要注意浇水，防止缺水。要注意控制浇水量，特别是在果实膨大期切忌过量浇水。④注意综合防治病虫害。对黄瓜霜霉病、疫病、灰霉病等病害，在黄瓜生长初期要注意及早发现中心病株，及时摘除病叶并销毁，防止扩大侵染。采取烟雾剂熏蒸的方法，不增加棚内湿度，防病较为彻底。每667平方米用45%百菌清烟剂250克均匀地点施在日光温室内，于傍晚从里往外逐一点燃后闭棚熏烟，一般每隔7～10天施放1次，连施用2～3次。对蚜虫、白粉虱可选用10%吡虫啉可湿性粉剂800倍液喷杀。此外，须及时摘除畸形瓜，保障正常瓜条的营养供给。

12. 日光温室水果型黄瓜土壤发生盐害的原因及预防措施是什么?

在日光温室水果型黄瓜栽培过程中,由于室内温度较高,土壤蒸发量大,又缺乏雨水的淋洗,致使土壤下层盐类由于毛细管作用上升到土壤表层积累;同时,日光温室内黄瓜的生长发育速度较快,产量高,为了满足黄瓜生长发育对营养的要求,需要施用大量的肥料,但由于土壤类型、质地、肥力以及不同时期黄瓜生长发育对营养元素吸收的多样性、复杂性,生产者很难掌握黄瓜生长发育所需适宜的肥料种类和数量,因而经常出现过量施肥的情况,时间一长就造成肥料大量积累,有些肥料的数量会超过理论值的3～5倍,从而加剧了土壤的盐渍化,使土壤溶液浓度快速升高。土壤出现次生盐渍化最明显的特征是土壤表面出现红苔。

土壤盐分的积累会影响作物对水分和钙的吸收,造成土表硬壳和烂根,使铵的浓度升高,作物对钙的吸收受阻,叶色深而卷曲。黄瓜受害后,茎尖萎缩,叶片变小。

预防日光温室水果型黄瓜土壤发生盐害的六项措施如下。

(1)增施有机肥,以肥吃盐　施用腐熟的有机肥,最好是施用纤维素含量较多(即碳氮比高)的有机肥。例如,用腐熟的作物秸秆还田可以大大增强土壤的养分缓冲能力,防止盐类过多积聚,延缓土壤盐渍化过程,明显降低土壤中的可溶性盐分的浓度,从而减轻土壤盐害,俗称"以肥吃盐"。

(2)撤除棚膜,淋洗除盐　由于温室内盐类多积聚在土壤表层,且易溶于水,所以应利用夏季换茬空隙,撤膜淋雨溶盐或灌水洗盐。黄瓜收获后,揭去薄膜,在夏天雨季如果有数十天不盖膜,日晒雨淋,对消除土壤连作障碍非常有效;或者在高温季节(6～8月份)进行大水漫灌,在地面盖膜使水温升高,这样不仅可以洗盐,而且可以杀灭病菌,有利于下茬蔬菜的生长。需要注意的是,要对土壤进行深翻，把富含盐分的表层土翻到下层，把相对含盐较少的下层土翻到上层，可以大大减轻盐害。还可在温室周围挖好排水沟，让盐分随水排走。如果只是将土壤表层的盐分淋洗到土壤底层而未除去，扣上棚膜后，还会发生返盐的危害。

(3)覆盖地膜，降低土表盐分积累 温室内畦面覆盖地膜，能抑制土表积盐。盖膜后，由于土壤表面水分蒸发受到抑制和受地膜回笼水的影响，土壤层次之间的盐分分布发生了变化，土表含盐量明显降低，虽然在0～50厘米的土壤总含盐量并未降低，但盐害得到了缓解。

(4)深施基肥，限量追肥 用化肥作基肥时要深施，作追肥时，尽量少量多次施用，最好将化肥与有机肥混合施于地面，而后翻耕。追肥一般很难深施，故应严格控制每次施肥量，可增加追肥次数以满足黄瓜对养分的需求，不可一次施用过多而造成土壤溶液浓度升高。

(5)生物除盐 夏季高温季节温室一般处于休闲歇茬时期，可利用这段时间种植除盐植物如苏丹草等。该类植物生长速度快，吸肥力强，植株高大，在短期内就能获得较大的生长量，有一定的除盐效果。

(6)根外追肥 根外追肥不易使土壤形成盐渍化，故应大力提倡。用尿素、过磷酸钙、磷酸二氢钾以及一些微量元素肥料作根外追肥均有良好效果。

13. 日光温室水果型黄瓜有花无瓜的原因是什么？如何防治？

日光温室水果型黄瓜在生长中常常会出现有花无瓜的现象，表现为雄花多，雌花少。这是由于黄瓜植株体内细胞分裂失调所致。黄瓜枝叶、藤蔓发育粗壮，才能增强其分蘖发杈能力，雌、雄花也才能在同一株体上均匀地开放。如果黄瓜植株在生长过程中藤蔓失调疯长，就会破坏黄瓜植株体内的分枝能力，从而导致黄瓜只开雄花，不开雌花；或只在蔓梢处开非常有限的几朵雌花；这样就会严重影响黄瓜的产量和效益。

防治黄瓜有花无果的措施是：当黄瓜植株长出3～4片真叶时，每667平方米可用乙烯利200～500毫克/千克(稀释浓度)，或萘乙酸5～10克，或三十烷醇5～10克，或甲哌鎓10克，加水50～70升，对黄瓜均匀喷施1～2次，即可促进黄瓜植株细胞正常分裂，增强黄瓜雌、雄花同株并开的能力，有效地解决黄瓜因只开雄花而引发的"不育症"。

八、水果型黄瓜的病虫害防治

1. 日光温室水果型黄瓜病虫害的防治原则是什么?

为提高日光温室水果型黄瓜的商品性,要严把病虫害防治关,认真掌握以下原则:一是病虫害的防治应实行预防为主、综合防治的方针;二是杜绝使用禁止使用的农药和限制使用的农药;三是严格按照国家绿色食品的标准规定使用农药,正确掌握选用农药品种;四是大力推广生物防治和生态防治技术;五是严格遵守农药安全间隔期的规定,黄瓜用药后必须超过该农药的安全间隔期后才能采摘上市。

2. 日光温室水果型黄瓜苗期的病害主要有哪几种?如何防治?

日光温室水果型黄瓜苗期的病害主要有猝倒病和立枯病。

(1)猝倒病　俗称卡脖子病,是冬春季育苗经常发生的主要病害。发病后,造成幼苗成片倒伏死亡,甚至毁苗,严重耽误定植适期。

①主要症状　猝倒病在黄瓜苗期和成株期均可发生,但主要发生在幼苗前期,刚出土的幼苗发病较多。幼苗开始发病时,茎基部呈水浸状,出现浅黄褐色病斑,病斑迅速扩展后病部缢缩呈线状,往往是子叶尚未凋萎、叶色仍呈青绿色时,幼苗就突然倒伏于地面;有时黄瓜苗刚刚出土,下胚轴和子叶已经腐烂、变褐、枯死;苗床最初一般是少数幼苗发病,后迅速蔓延,最后引起成片幼苗猝倒。在苗床湿度大时,病部长出一层白色絮状霉。

②发病条件　猝倒病是由鞭毛菌亚门的瓜果腐真菌侵染引起

的真菌性病害。病菌腐生性很强，可以在土壤中长期存活，以卵孢子和菌丝体在土壤中的病残体上越冬。遇有适宜条件即可萌发产生孢子囊，以游动孢子或直接长出芽管侵入寄主。苗床或田间再侵染主要靠病苗的病部产出孢子囊及游动孢子，借灌溉水、粪肥和农机具等传播。

黄瓜幼苗多在苗床温度较低时发病，地温为15℃～16℃时，最适宜病菌生长。育苗期出现低温、高湿以及光照不足条件时，极有利于发病。具1～2片真叶期的幼苗，由于子叶的营养基本用完，新根还没有扎实，真叶的自养能力弱，抗病能力也弱，所以容易感染该病；具3片真叶后，一般很少发病。

③*防治方法* 以加强苗床管理为主，喷洒药剂防治为辅，通过调控苗床和育苗室的温、湿度进行综合防治。一是对苗床和种子进行消毒处理。每平方米苗床可用50％福美双、50％多菌灵或25％甲霜灵可湿性粉剂5～8克（最多不能超过10克）掺入细土10～15千克混合均匀后进行消毒。施用药土前，先把苗床灌足底水，待水渗下后，取1/3药土撒施于苗床畦面，其余的2/3药土撒于播种后的种子上。撒施药土时，畦面要保持湿润，且药土要均匀撒入，避免发生药害。采用工厂化育苗时，可将上述药剂均匀拌入育苗基质中进行消毒。种子消毒可用50％多菌灵可湿性粉剂500倍液；或25％甲霜灵可湿性粉剂、或58％甲霜·锰锌可湿性粉剂、或72.2％霜霉威水剂800倍液浸种30分钟，可预防多种真菌性病害。也可在基质、苗床或定植穴中施入禾健多黏芽孢杆菌，以预防病害的发生。二是加强苗床和育苗室的温、湿度管理与调控。三是及时进行药剂防治。黄瓜幼苗一旦发病，应及时将病苗及邻近床土或基质清除，在病苗及其周围喷洒0.4％铜铵合剂。发病初期，可用72.2％霜霉威盐酸盐1 000倍、正原750倍、海绿素1 000倍混合液喷洒苗床，或用海绿素1 000倍液蘸根促其生长；也可用25％甲霜灵可湿性粉剂800倍液，或64％噁霜灵可湿性粉剂

500 倍液，或 40%乙磷铝可湿性粉剂 200 倍液，或 72.2%霜霉威水剂 400 倍液，或 70%代森锰锌可湿性粉剂 500 倍液，或 15%噁霉灵水剂 450 倍液喷洒，每 7～10 天喷一次，连喷 2～3 次进行防治。

(2)立枯病 又称烂根、死苗病，是黄瓜苗床期常发生的病害。发病严重时成片毁苗，造成极大损失。

①主要症状 幼苗和成苗均可受害。发病初期，在茎基部一侧产生椭圆形褐色病斑，后逐渐扩大；病斑围茎一周时，病部干缩并向根部扩展，致使植株死亡。拔起病苗，根部皮层脱落。土壤潮湿时，病部产生浅褐色稀疏丝状菌丝体。

②发病条件 立枯病由真菌中丝核菌侵染所致。病菌在有机肥和土壤中可存活 2～3 年，以菌丝体或菌核在土壤中越冬。种子、土壤和肥料是直接传播者，病菌从植株伤口或表皮侵入幼茎、根部引起发病。早春大棚内温度较低、湿度过大，加之阳光不充足，通风不良，二氧化碳不足，幼苗制造营养受到限制导致徒长而细弱。若土壤水分忽高忽低，会影响幼苗根系正常生长，极易导致立枯病的发生。

③防治方法 一是种子消毒。用相当于种子量 0.3%的 50%多菌灵可湿性粉剂或用相当于种子量 0.4%的拌种灵拌种。二是搞好育苗温室的环境消毒，可用 50%多菌灵或 50%甲基硫菌灵或甲醛对育苗基质和育苗环境进行消毒。三是加强苗床管理。浇水要适量，并注意提高地温，防止苗床出现低温高湿条件而加重病害。四是喷施微肥，提高幼苗抗病力。在苗期喷洒磷钾动力 750 倍液，或喷施磷酸二氢钾可显著提高幼苗抗病力，降低幼苗的发病率。五是药剂防治。用 72.2%霜霉威盐酸盐 1 000 倍、正原 750 倍、海绿素 1 000 倍混合液喷洒幼苗，或用海绿素 1 000 倍液蘸根促其生长，以预防立枯病的发生。在发病初期喷施 36%甲基硫菌灵悬浮剂 500 倍液或 15%噁霉灵水剂 450 倍液，均有很好的防效。

3. 黄瓜霜霉病有哪些症状？如何防治？

(1)主要症状 黄瓜霜霉病是黄瓜栽培中发生最为普遍的病害之一，俗称“跑马干”、“黑毛病”。由于该病在条件适宜时2～3天即可使叶片染病而干枯，给生产造成很大威胁。霜霉病主要危害叶片，黄瓜在幼苗期至结瓜期均可发病，特别在黄瓜进入收获期发病较重。一般由下部叶片向上部叶片蔓延，发病初期叶片上出现水浸状的浅绿色斑点，迅速扩展，受叶脉限制病斑呈多角形，湿度大时病斑背面出现灰黑色霜霉状霉层，病重时叶片上的病斑相互连片，致使病叶枯黄而死。

(2)发病条件 病菌可在冬季温室黄瓜病叶上越冬，各茬次栽培的黄瓜均可发病。霜霉病菌的孢子囊产生与生育期的温度、湿度密切相关。空气相对湿度低于60%时不产生病菌，而空气相对湿度超过85%以上时病菌大量产生；空气相对湿度越高，病菌繁殖越快，如浇水或雨天叶片上出现水珠，经3～5小时病菌就能从叶片气孔侵入。病菌侵入叶片的最适温度为16℃～22℃，经12个小时完成侵染过程；3～4天后霜霉病发生，叶片出现病斑，随即迅速流行。特别是阴雨天多、雾大、浇水不当、叶片结露时间超过3个小时，加之栽植密度过大，氯肥过量植株疯长，透风不良，是造成病害大发生的主要原因。

(3)防治方法 ①选用抗病品种，这是防治黄瓜霜霉病经济有效的措施。②改进栽培技术。根据黄瓜及霜霉菌生长生育对环境条件的不同要求，在田间栽培管理上主要是控制田间空气相对湿度，浇水后要及时通风，也可采用地膜覆盖、滴灌等措施降低田间空气相对湿度，使病菌无法侵入，从而控制霜霉病的发生。及时摘除老病叶，以利于通风透光，可降低田间的病菌数量。③高温闷棚，杀死病菌。在发病初期，在晴天中午将大棚门窗关闭，使大棚黄瓜生长点附近的温度升至45℃(不超过47℃)保持2小时，而后逐渐通风缓慢降温；在进行高温闷棚前一天浇一次水，使土壤湿润；闷棚的第二天再浇一次水。若土壤干燥，会烤伤黄瓜生长点。闷棚时一定要注意测量温度，一般每隔 10 分钟测一次温度。④营养防治。增施磷、钾肥，以提高植株抗病性。有关研究表明，磷酸二氢钾可以诱导黄瓜产生对霜霉病的抗性，因此在黄瓜栽培中定期喷施 0.2%磷酸二氢钾可以有效地提高植株的生长势及抗病能力。喷施硕丰 481、喷施宝等叶面肥，也可以增强植株生长势，从而提高抗病能力。⑤药剂防治。对黄瓜霜霉病应以预防为主，预防时期根据温、湿度条件确定。一般在阴雨天到来之前及连续阴雨的情况下进行预防，可采用喷洒保护性药剂或采用熏烟剂、粉尘剂等进行预防。烟雾剂以 45%百菌清烟雾剂防效为好，一般每 667 平方米施用量为0.2～0.25 千克，分放在棚内 4～5 个点，点燃后闷棚熏一夜，翌日早晨通风，每隔 5～7 天熏 1 次。也可用嘧菌酯 2 000 倍液或百菌清 500 倍液作叶面喷洒。霜霉病一旦发生，应及时用药剂进行防治，主要药剂有霜霸稀释 500 倍＋三氰酸稀释 800 倍混合液作叶面喷施，也可用 50%氟吗·乙磷铝可湿性粉剂 600 倍＋72%霜脲锰锌可湿性粉剂 600 倍＋3%中生菌素可湿性粉剂 600 倍混合液作叶面喷施，或用 64%杀毒矾可湿性粉剂 400 倍液，或 50%多菌灵 800 倍液，或 72%霜霉威水剂 800 倍液，或 50%甲霜铜可湿性粉剂600～700 倍液喷洒叶面。喷药时要做到均匀周到，叶片正、背面都要喷到，重点喷病叶的叶背霉层。此外，对上部健康叶片也要进行喷药保护。

4. 黄瓜白粉病有哪些症状？如何防治？

黄瓜白粉病是黄瓜的又一种常见病症，一般在生长后期严重发生。但如果有菌源存在或在条件较为特殊的情况下，则整个生育期均可发生。白粉病主要危害黄瓜的叶片、叶柄及茎。成株及幼苗均可染病。叶片染病，首先在叶面长出稀疏的菌丝，然后菌丝不断生长，病部变黄，病部圆形白色菌落为病菌的无性世代——分生孢子。严重时病斑连片，整个叶片黄化、干枯。叶背面也可被感染而形成病斑。后期病叶上有时可见褐色小点，为未发育成熟的病菌的有性世代——闭囊壳。闭囊壳在枯死的叶片上成熟，呈暗褐色。叶柄受害，在叶柄上形成圆形病斑，病部长有菌丝，后期形成菌落，严重时叶柄布满白粉。茎部受害的症状与叶柄相似。

黄瓜白粉病的防治方法：①选用抗病品种。大多数杂交种对白粉病的抗性均较强。②药剂防治。在白粉病多发的棚室，可于定植前每100平方米用250克硫磺加500克锯末混匀，点燃熏一夜。也可于白粉病发生前及初发期用45%百菌清烟剂熏棚。白粉病发生后，可采用杀菌剂进行防治。常用的有效药剂有：10%苯丙甲环唑微乳剂1 000倍液叶面喷施，也可用24%腈苯唑悬浮剂2 000倍液＋小檗碱750倍液＋天然海藻酸40克/升可溶液剂1 000倍液，或30%咪鲜·戊唑醇悬浮剂1 500倍＋波尔·锰锌可湿性粉剂1 000倍＋三硅氧烷3 000倍液，或用20%烯肟·戊唑醇悬浮剂1 500倍＋40%腈菌唑可湿性粉剂2 000倍＋甘露醇70克/升＋镁15克/升1 000倍液喷雾防治。

5. 黄瓜黑星病有哪些症状？如何防治？

黄瓜黑星病俗称“流胶病”，是保护地栽培黄瓜的主要病害之一，主要危害黄瓜幼嫩部位，可造成“秃桩”、畸形瓜等，严重地影响黄瓜的产量及商品性。该病菌可侵染除根部以外的任何部位，以幼嫩部位受害为主，黄瓜植株组织一旦成熟，就可以抵抗病菌的侵入。叶片染病初期产生褪绿色近圆形病斑，病斑一般较小；后期病部中央脱落、穿孔，边缘呈星状一刀切裂；生长点受害，龙头变成黄白色，并流胶，造成秃尖，空气湿度大时产生灰绿色或黑色霉状物，严重时近生长点多处受害，造成节间变短，茎及叶片畸形。茎部及叶柄受害，病斑沿茎沟扩展呈菱形或梭形，病斑褪绿色至黑色，胶状物变成琥珀色,病部表面粗糙,严重时从病部折断,空气湿度大时产生黑色霉层。卷须受害,病部形成梭形病斑,黑灰色,卷须往往从病部烂掉。果实受害,因环境条件不同而表现症状不同。病菌侵染幼瓜后,条件适宜时,病菌在组织内扩展,病部凹陷,开裂并流胶,生长受到抑制,其他部位照常生长,造成弯瓜等畸形瓜。病菌侵染后,温、湿度条件不适宜时病菌暂时在组织内潜伏,瓜条可以进行正常生长,待幼瓜长大后,即使环境条件适合黑星病的发生也不会造成畸形瓜,只是病斑处褪绿、凹陷,病部呈星状开裂并伴有流胶现象。空气湿度大时,病部产生黑色霉层。黄瓜黑星病在抗病材料、感病材料叶片上的症状表现有本质的不同:抗病材料在侵染点处形成黄色小点,组织似木栓化,病斑不扩展;在感病材料上则形成较大枯斑,条件适宜时病斑扩展。黄瓜黑星病存在阶段抗性,感病材料在组织幼嫩时表现感病,组织成熟后则表现抗病。

黄瓜黑星病的防治方法:①选用抗病品种。②选用无病种子,进行种子消毒。从不同地区来源的黄瓜种子,其黑星病的带菌率不同,播种时选用无病种子或对种子进行消毒后再使用。消毒方法是:用55℃～60℃水恒温浸种15分钟,或用50%多菌灵可湿性粉剂500倍液浸种20分钟后冲净催芽。③棚室消毒。在黑星病重病区,定植前每100平方米棚室用250克硫磺＋500克锯末混合后点燃熏一夜。④加强栽培管理。黑星病属低温高湿病害,早春大棚及冬季温室发生较多,加强田间管理,提高棚室温度,及时通风降低田间湿度,减少结露时间,可以控制黑星病的发生。⑤药剂防治。黑星病的防治关键是及时发现,一旦发生中心病株要及时拔除,并在田间及时喷药预防。如果错过预防的最佳时机,病害得到进一步蔓延,就会给防治工作带来很大难度。防治黑星病较为有效的药剂及方法是:用10%苯丙甲环唑1500倍液,或24%腈苯唑悬浮剂2000倍＋小檗碱750倍＋天然海藻酸40克/升可溶液剂1000倍混合液,或50%多菌灵可湿性粉剂800倍液喷洒叶面。

6. 如何识别与防治黄瓜细菌性角斑病?

黄瓜细菌性角斑病在我国早有发生,以前主要在春露地发生,遇阴雨并有大风时发生严重。随着保护地栽培的发展,黄瓜细菌性角斑病发生日益严重,成为威胁黄瓜生产的主要病害。黄瓜从幼苗到成株均可染病,病菌除侵染叶片外还可侵染茎、叶柄、卷须和果实等。子叶染病,初期叶背面呈水浸状近圆形病斑,空气湿度大时叶背面可见乳白色菌脓,空气干燥时病部留下一层白色的膜。后期病部褪绿色,沿叶脉扩展呈不规则形,病斑可整合成大型斑,严重时整个叶片干枯。真叶染病,初期呈水浸状近圆形病斑,空气湿度大时叶背面可见菌脓,病斑沿叶脉扩展呈多角形,病部呈透明状。发病后期病部变成黄白色,周围黄褐色,病部腐烂脱落形成穿孔。病斑在不同的抗性品种叶片上的表现有所不同:抗病品种病斑小,菌脓少;感病品种病斑大,菌脓多。叶柄、茎受害,沿茎沟形成条形病斑,并凹陷,有时开裂,空气湿度大时病部有菌脓产生,菌脓沿茎沟向下流,形成一条白色痕迹。卷须受害,病部严重时腐烂折断。果实受害,初期病部呈水浸状斑并略凹陷;后期湿度大时,病部产生大量菌脓,呈水珠状。果实多处受害时,其表面布满水珠状菌脓,果实软腐并有异味,病菌可以侵入种子带菌。

黄瓜细菌性角斑病的防治方法:①选用抗病品种。②选用无病种子或播种前进行种子消毒。具体消毒方法是,将种子晾干后放入70℃恒温箱干热灭菌72小时,或用50℃温水浸种20分钟,或用次氯酸钙300倍液浸种30～60分钟,或用100万单位硫酸链霉素500倍液浸种2小时,都可以有效地杀死病菌。③预防感染。用无病土育苗,防止苗期感染。④轮作。与非瓜类作物实行2年以上的轮作。⑤生态防治。覆盖地膜,降低田间空气湿度,及时通风,避免造成伤口等。⑥药剂防治。主要用20%叶枯唑500倍液或乙蒜素2000倍液作叶面喷施;或用80%烯酰吗啉可湿性粉剂

1 000倍＋丁子香酚 500 倍＋甘露醇 70 克/升＋镁 15 克/升 1 000 倍混合液喷洒叶面；或用硫酸链霉素或 72％农用链霉素 4 000 倍液，150～200 毫克/升新植霉素溶液喷洒叶面。

7. 黄瓜灰霉病有哪些症状？如何防治？

黄瓜灰霉病是随冬季日光温室栽培发展而发生日益严重的病害，主要危害果实，造成减产，同时影响瓜条的商品性状。病菌从开败的雌花侵入，雌花受害后花瓣腐烂，并长出灰褐色霉层。病菌向幼瓜扩展，致使果实脐部呈水浸状，灰绿色，病部萎缩呈现“尖瓜”状；湿度大时，病部长满灰色粉状霉层，即为病菌的分生孢子梗及分生孢子。病瓜或脱落的烂花接触叶片导致叶片感染，叶片染病初期病部呈水浸状不规则形病斑，湿度大时病斑迅速扩展成大斑，病部变黄、软腐，湿度大时病部有浅灰色菌丝生成，有时菌丝集结成团。烂瓜或花附着在茎上时，能引起茎部腐烂，严重时下部的茎节腐烂导致茎蔓折断，植株枯死。

黄瓜灰霉病的防治方法：①选用抗病品种。②栽培及生态防治。在气温高于 25℃后发病明显减轻，高于 30℃不发病，因此，提高白天棚室温度可以有效控制灰霉病的发展。及时通风或铺地膜可以降低田间湿度，减少结露时间，可以防止病菌的侵染。此外，由于灰霉病腐生性强，所以结瓜期植株生长势减弱是灰霉病容易侵染的另外一个因素。因此，加强结瓜期的管理，提高植株抗病能力，可以减轻灰霉病的发生。叶面喷施磷酸二氢钾可以提高植株的抗病能力。③清洁温室。及时摘除病叶、病瓜及老叶，以减少田间病菌数量。④药剂防治。在灰霉病发生前或始发期采用烟雾法或粉尘法预防，烟雾法是每 667 平方米每次用 10％腐霉利烟剂 0.2～0.25 千克，或每 667 平方米每次用 45％百菌清烟剂 0.25 千克，熏 3～4 小时。在发病期用药剂进行喷施或蘸花，一般用甲霉灵或木霉菌 600 倍液作叶面喷洒；病害严重时用甲霉灵 600 倍＋

三氰酸 800 倍混合液作叶面喷施；也可用 25%啶菌噁唑悬浮剂 750 倍+25.5%异菌脲可溶液剂 1000 倍+三硅氧烷乳油 3000 倍混合液喷施，或用 50%嘧菌环胺水分散粒剂 1500 倍+55%嘧霉·多菌灵可湿性粉剂 600 倍+三硅氧烷乳油 3000 倍混合液喷洒叶面，或用 50%腐霉利可湿性粉剂 2000 倍液、50%异菌脲可湿性粉剂 1000～1500 倍液喷洒。为避免产生抗药性，用药时应交替使用。

8. 黄瓜炭疽病有哪些症状？如何防治？

黄瓜炭疽病从苗期到成株均可发生，其病菌可以侵染叶片、茎和果实。幼苗发病多以子叶发病为主，子叶边缘出现半圆形或圆形病斑，黄色，病斑边缘明显，病部粗糙，空气湿度大时病部产生黄色胶质物，即病菌分生孢子盘和分生孢子。严重时病部破裂。幼苗也在下胚轴及近地面的茎发生炭疽病，病部开始为褪绿色，后病部凹陷，空气湿度大时产生黄色胶质物，严重时从病部折断。成株受害，在叶片上产生褪绿色近圆形病斑，后病斑呈黄色，病斑可愈合成大斑。空气湿度大时，植株新叶容易受害，病斑扩展快，并愈合形成褪绿色大斑，病斑形状不规则，有时病部破裂，不容易辨认。茎部受害，有时在结节处产生不规则黄色病斑，略凹陷，有时流胶，严重时从病部折断。果实受害，病部深绿色、凹陷，病斑近圆形，空气湿度大时病部产生黄褐色胶质物，表面湿润，后期常开裂，有时出现流胶现象，在种瓜贮藏期发生较为严重。

黄瓜炭疽病的防治方法：①选用抗病品种。②选用无病种子或播种前进行种子消毒。种子消毒的具体方法是用 50℃ 温水浸种 20 分钟或用冰醋酸 100 倍液浸种 30 分钟后用清水冲净后催芽。③防止感染。用无病土育苗，防止苗期感染。④轮作。与非瓜类作物实行 3 年以上的轮作。⑤栽培及生态防治。铺盖地膜，降低田间湿度，及时通风，避免伤口等。⑥药剂防治。用四氟咪唑

1 000 倍＋三硅氧烷乳油 3 000 倍混合液喷洒叶面，或用 24%腈苯唑悬浮剂 2 000 倍＋小檗碱 750 倍＋天然海藻酸 40 克/升可溶性液剂 1 000 倍液或 30%咪鲜·戊唑醇悬浮剂 1 500 倍＋78%波尔·锰锌可湿性粉剂 1 000 倍＋三硅氧烷乳油 3 000 倍液，或用 20%烯肟·戊唑醇悬浮剂 1 500 倍＋40%腈菌唑可湿性粉剂 2 000 倍＋甘露醇 70 克/升＋镁 15 克/升 1 000 倍液喷雾防治；也可用 50%甲基硫菌灵可湿性粉剂 700 倍液，或 80%多菌灵可湿性粉剂 600 倍液，或 80%福·福锌可湿性粉剂 800 倍液等喷洒，每 7～10 天喷 1 次，连续喷 2～3 次。

9. 黄瓜靶斑病有哪些症状？如何防治？

黄瓜靶斑病是近年来发现的一种新病害，其症状与霜霉病和细菌性角斑病极易混淆，很多菜农在生产中常把靶斑病当成霜霉病和细菌性角斑病进行防治，这不仅不能较好地防治黄瓜靶斑病，而且增加了生产成本。为此，要对该病加以识别并做到对症下药。

黄瓜靶斑病主要危害叶片，严重时蔓延至叶柄、茎蔓，叶片正、背面均可受害。叶片发病，初期为黄色水浸状斑点，后随着病斑的不断扩大，叶片正面病斑略凹陷，病斑近圆形或不规则形，病斑外围黄褐色，中部浅黄色，患病组织与健康组织界限明显。发病中期病斑极易穿孔，叶片正面病斑粗糙不平，病斑整体变为褐色，中央灰白色、半透明，且病斑中央常有一明显的眼状靶心。空气湿度大时，病斑上常伴有环状灰黑色霉状物即分生孢子梗和分生孢子。严重时，叶片干枯死亡，造成提早拉秧。

黄瓜靶斑病的典型症状与细菌性角斑病的重要区别是：靶斑病病斑叶片两面色泽相近，空气湿度大时上生灰黑色霉状物；细菌性角斑病病斑叶片背面有白色菌液形成的白痕，清晰可辨，两面均无霉层。黄瓜靶斑病与霜霉病的区别是：靶斑病病健交界处明显，病斑粗糙不平；霜霉病病健交界处不清晰，病斑叶片正面褪绿、发黄，病斑很平。

黄瓜斑靶病的防治方法是：①加强栽培管理。及时清除病蔓、病叶、病株，并带到田外烧毁，以减少初侵染源；科学浇水，小水勤灌，避免大水漫灌，注意通风排湿，增加光照，创造有利于黄瓜生长发育、不利于病菌萌发侵入的温度、湿度条件。②药剂防治。可用0.5%氨基寡糖素400～600倍液喷雾预防。一般发病时，用50%醚菌酯2 000倍＋20%叶枯唑500倍混合液作叶面喷施；严重发病时用50%春雷多菌灵＋72%氢氧化铜300倍液叶面喷施；也可用四氟咪唑1 000倍＋三硅氧烷乳油3 000倍混合液喷洒叶面，或用24%腈苯唑悬浮剂2 000倍＋小檗碱750倍＋天然海藻酸40克/升可溶液1 000倍液，或30%咪鲜·戊唑醇悬浮剂1 500倍＋78%波尔·锰锌可湿性粉剂1 000倍＋三硅氧烷3 000倍液，或用20%烯肟·戊唑醇悬浮剂1 500倍＋40%腈菌唑可湿性粉剂2 000倍＋甘露醇70克/升＋镁15克/升1 000倍液喷雾防治，或用25%嘧菌酯悬浮剂1 500倍液喷雾防治，要注意轮换交替用药。喷药时在药液中加入适量的禾丰硼、果蔬钙肥、磷钾动力等叶面肥，防治效果更好。

10. 如何识别与防治黄瓜枯萎病？

黄瓜枯萎病是黄瓜的土传病害，主要造成植株发病、死秧，是黄瓜的主要病害，黄瓜苗期及成株均可染病。苗期发病，可以表现出不同的症状：子叶部分或全部黄化；幼苗僵化，子叶暗绿色，无光泽；下胚轴出现沿维管束方向的条形褐色病斑；子叶出现黄褐色圆形或不规则形的病斑；有时病斑产生在子叶近基部，造成幼苗不同程度的畸形等，严重时整株枯死。种子带菌可造成烂籽。成株一般在结瓜后染病，初期病株一侧叶片或叶片的一部分均匀黄化，病株继续生长，继而在茎部一侧出现褪绿色水浸状病斑，病斑长条形或不规则形，严重时中午叶片下垂，早晚恢复；后期病部病斑纵向扩大，空气湿度大时病部产生粉色霉层，即病菌分生孢子梗及分生孢子。茎节部发病，病斑呈不规则多角形，空气湿度大时有粉色霉层产生，病部维管束变褐；发病后期病斑逐渐包围整个茎部，使内部病菌堵塞维管束，同时分泌毒素使植株中毒死亡。发病后期病菌可侵入瓜内，使种子带菌。

黄瓜枯萎病的防治措施是：①选用抗病品种。②苗期注意预防感染，可选用无病土育苗，嫁接时注意无菌操作。③轮作。与非瓜类作物施行 5 年以上的轮作。④利用黄籽南瓜嫁接育苗。⑤加强栽培管理。避免大水漫灌，及时中耕，提高土壤通透性，避免伤根；结瓜期加强肥水管理，以提高植株抗病能力。⑥药剂防治。实行种子消毒，用 50%多菌灵可湿性粉剂 500 倍液浸种。实行苗床消毒，每平方米苗床用 50%多菌灵可湿性粉剂 8 克处理畦面。实行土壤消毒，每 667 平方米用 50%多菌灵可湿性粉剂 4 千克，混入细干土拌匀后施于定植穴内。定植时用多黏芽孢杆菌生物肥穴施，每 667 平方米用量为 16 千克；定植后预防，可用“苗康”牌多黏芽孢杆菌液体生物肥 300 倍液、“壮地旺”黄腐酸生根剂 400 倍液混合灌根；定植后发病时，用 72%噁霉灵 2 000 倍液或者唑酮·乙蒜素 1 000 倍液灌根，严重发生时二者混合使用。

11. 黄瓜疫病有哪些症状？如何防治？

黄瓜疫病是黄瓜的又一种土传病害。该病发生快，条件适宜时，往往猝不及防。成株及幼苗均可染病，侵染叶片、茎蔓、果实等。幼苗染病多始于嫩尖，初呈暗绿色水浸状萎蔫，病部缢缩，病部以上干枯呈秃尖状。子叶发病时，叶片中形成褪绿色斑，形状不规则，空气湿度大时很快腐烂。成株染病主要在茎基部，初期在茎基部或一侧出现水浸状病斑，很快病部缢缩，使输导功能丧失，导致地上部迅速萎蔫呈青枯状。此病在田间干旱条件下发病呈慢性症状，并造成其他病菌的复合侵染，浇水后病情加重，植株很快死亡。茎节处染病，形成褪绿色不规则病斑，空气湿度大时迅速发展包围整个茎，病部缢缩，病部以上萎蔫。叶片染病，产生圆形或不规则形的水浸状大病斑，边缘不明显，扩展快，扩展到叶柄时叶片下垂。干燥时呈青白色，空气湿度大时病部有白色菌丝产生。瓜条染病，形成水浸状暗绿色病斑，略凹陷；湿度大时，病部产生灰白色稀疏菌丝，瓜软腐，有腥臭味。

该病的防治措施：一是选用耐病品种。二是实行嫁接育苗。三是预防苗期感染。四是对苗床或大棚土壤进行处理：每平方米苗床用 25%甲霜灵可湿性粉剂 750 倍液喷淋地面。五是实行轮作：与非瓜类作物实行 5 年以上的轮作。六是加强管理，培育壮苗；实行高垄栽培，避免大水漫灌，发现中心病株后及时拔除并进行灌药预防。七是药剂防治：可用 80%烯酰吗啉可湿性粉剂2 000 倍＋甘露醇 70 克/升＋镁 15 克/升 1000 倍混合液，或喹啉铜·噻菌灵可湿性粉剂 1 000 倍＋霜霉威盐酸盐 1 000 倍混合液进行防治。也可用 58%甲霜·锰锌可湿性粉剂 500 倍液、50%甲霜·铜可湿性粉剂 600 倍液、64%杀毒矾可湿性粉剂 500 倍液、72.2%霜霉威水剂 600 ～700 倍液进行防治。

12. 黄瓜根腐病有哪些症状？如何防治？

根腐病病菌主要侵染植株根部，发病初期，病株根部主根或须根变黄，地上部无明显可见症状，以后病部逐渐扩展，地上部中午时叶片下垂，早晚恢复。几天后，根部呈黄褪色湿腐，地上部呈青枯状萎蔫、死亡。条件适宜时，从发病到死亡一般 3～5 天。干旱时，潜育期长。死亡后根部完全腐烂，只剩下丝状维管束。主根受害严重时，茎基部发生萎缩，其症状容易与疫病混淆。

该病的防治措施：①轮作：与十字花科作物进行 3 年以上轮作。②栽培管理：采用高畦起垄栽培，防止大水漫灌；适时松土，以增加土壤通透性。③药剂防治：在每年发病期来临之前进行灌根预防，发现中心病株及时拔除灌药。定植时用多黏芽孢杆菌生物肥穴施，每667平方米用量16千克；定植后预防，可用多黏芽孢杆菌液体生物菌肥300倍液、黄腐酸生根剂400倍液混合灌根；定植后发病时，72%噁霉灵2 000倍液或者唑酮乙蒜素1 000倍液灌根，严重发生时二者混合使用。也可用80%烯酰吗啉可湿性粉剂2 000倍＋甘露醇70克/升＋镁15克/升1 000倍混合液，或喹啉铜·噻菌灵可湿性粉剂1 000倍＋双霉威盐酸盐1 000倍混合液进行防治，或用50%多菌灵可湿性粉剂500倍液，50%甲基硫菌灵可湿性粉剂500倍液进行防治。田间湿度大时可配成药土撒在茎基部。

13. 日光温室水果型黄瓜蔓枯病如何防治？

黄瓜蔓枯病是由子囊菌亚门甜瓜球腔菌引起的真菌性病害，是瓜类蔬菜的一种重要病害。该病多危害茎蔓、瓜条和叶片。该病害流行时，可使温室内黄瓜出现大量死藤。苗期嫩茎受害出现湿润状、不规则形的暗褐色病斑，子叶的病斑呈圆形或半圆形，严重的可使病苗枯死，病部产生黑色小粒点。成株期茎蔓是最主要的受害部位，多在基部分枝处或近节部出现水浸状病斑，病部散生许多黑色小粒点，溢出琥珀色的胶状物，称之为“茎胶病”。后期受害茎蔓变成红褐色并纵裂成乱麻状。该病只侵染皮层组织而不侵染维管束，纵剖病茎，导管仍为绿色，不变褐，严重时引起“烂蔓”，这是与枯萎病症状的明显区别。叶片染病出现近圆形、暗褐色的大病斑，若发生在叶缘，病斑为半圆形或略呈“V”字形，叶部病斑上长有许多小黑粒点。果实染病产生不规则形的黑褐色凹陷病斑，病部星状开裂，果肉软化腐烂。病菌主要以分生孢子器或子囊壳随病残体在土壤中或附在种子、棚架上越冬，成为发病的初侵染源。子囊孢子通过气流传播，分生孢子靠风雨溅散或灌水传播。在条件适宜时，病菌从气孔、水孔或伤口侵入。温室内空气湿度大、土壤黏重、平均气温为18℃～25℃的条件有利于发病。

该病的防治方法如下:①种子消毒。蔓枯病多由种子带菌传播,没有包衣剂的种子播种前要对种子进行消毒处理,1千克种子可用多菌灵,或福美双,或代森锰锌3克拌种;或用40%甲醛100倍液浸种30分钟,而后用清水洗净后催芽播种;也可用55℃的温水浸种15分钟后捞出晾干后播种。②棚室消毒。在黄瓜定植前对棚室进行消毒,用40%甲醛300毫升对等量的水,加热后可熏蒸37立方米容积的棚室,每次熏蒸6小时。③农业措施。选用抗病性强的优良品种培育健壮苗。与非瓜类作物轮作2～3年,或与水稻轮作1年,避免连作。清洁田园,集中销毁病残体。深翻晒垡,高畦深沟,覆盖地膜。施足优质有机肥作基肥,适当增施磷、钾肥。加强棚室内温、湿度的管理,合理通风以降低田间空气湿度。及时剪除病斑或摘除染病子叶,及早拔除早期发生的少数病株并带出田外销毁,对病穴撒少量石灰进行消毒。④药剂防治。用21%过氧乙酸300倍+25%腐霉利悬浮剂800倍+10%苯醚甲环唑水分散粒剂1500倍液喷施叶面,也可用30%咪鲜·戊唑醇悬浮剂1500倍液+78%波尔·锰锌可湿性粉剂1000倍液+三硅氧烷乳油3000倍混合液喷施叶面及病部。发病初期选用苯醚甲环唑、乙蒜素、碱式硫酸铜分别稀释800倍,混合后重点喷洒发病部位,每隔4～5天喷1次,连续喷2～3次。在苗期喷洒30%多·福可湿性粉剂40毫克/千克,或50%异菌脲可湿性粉剂600毫克/千克,或10%苯醚甲环唑水分散粒剂1200倍液,或75%敌磺钠可湿性粉剂1000倍液。定植缓苗后,喷洒70%代森锰锌与80%百菌清等量混合剂300倍液,或50%多菌灵与50%福美双等量混合剂200倍液。在植株生长期间,喷洒代森锰锌和百菌清的等量混合剂。此外,还可用58%甲霜·锰锌、77%氢氧化铜、50%甲基硫菌灵、2%宁南霉素水剂20～50倍液加少量胶泥及三硅氧烷乳油3000倍液搅成糊状,涂抹于茎蔓发病部位。棚内湿度较大时，可用45%百菌清烟剂熏棚。

14. 黄瓜菌核病有哪些症状？如何防治？

黄瓜受到菌核病危害时，苗期至成株期均可发病，通常在距地面5～100厘米高度内发病，以5～30厘米高度内发病最多，幼瓜、凋萎花蒂、叶腋处较易发病。病害开始发生在衰老的叶片或开败的花瓣上，引起大型叶病斑和花腐烂，其表面长有白色菌丝体，后来瓜条内产生黑色的菌核。茎秆被害，开始产生水渍状、浅褐色的病斑，病茎软腐，并长出白色菌丝体，茎体最后形成有黑色鼠粪状的菌核，病部以上茎叶萎蔫枯死。幼苗发病时在近地面幼茎基部出现水浸状病斑，很快病斑绕茎一周，幼苗猝倒。

该病病菌以菌核留在土里或夹在种子里越冬或越夏，随种子远距离传播。条件适宜时，菌核产生子囊、子囊孢子随气流传播蔓延，孢子侵染衰老的叶片或花瓣、柱头或幼瓜，田间带病的雄花落到健叶或茎上，又引起发病，如此重复侵染。条件恶化时，形成菌核落入土中越冬、越夏。子囊孢子在0℃～35℃条件下都能萌发，最适温度为15℃～20℃，最适空气相对湿度为98%～100%。子囊孢子萌发不要求叶面有水膜存在，子囊孢子耐干旱，在干燥条件下放置6天萌发率仍达30%，菌丝在0℃～30℃条件下均可生长，以20℃最适宜。菌丝不耐干燥，空气相对湿度要求在85%以上。菌核形成所需温度与菌丝生长所要求的温度一致。菌核在水中泡30天即死亡。空气相对湿度65%以下一般不发病，但在连茬地块发病较重。

黄瓜菌核病的防治措施如下：①实行轮作或采用太阳热能进行土壤消毒。在夏季，黄瓜拉秧后，每667平方米施石灰100千克＋碎稻草或麦稞500千克，深翻60厘米以上，起高垄33厘米，垄沟里灌水，直至饱和。处理期间沟里始终装满水并铺上地膜，密闭日光温室7～10天，对土传病害均有防效。②选用无病种子或进行种子处理。可用10%盐水淘除浮上来的菌核,而后用清水反复冲洗种子;也可用55℃温水浸种15分钟,可杀死菌核,而后在冷水中浸3小时,再催芽播种育苗。③加强栽培管理。对发病地进行深翻,将菌核深埋土中使其不能萌发出土;采用起垄加地膜覆盖栽培,以防止子囊盘出土;日光温室还可采用紫外线薄膜,可抑制子囊盘和子囊孢子形成;发现子囊盘,可进行中耕,及时铲除子囊盘,带出田外深埋或烧毁;加强通风,降低湿度,减轻发病。④药剂防治。在一般情况下,用甲硫·乙霉威或者木霉菌600倍液作叶面喷洒;病害严重时,用甲硫·乙霉威600倍+三氰酸800倍混合液作叶面喷施;或用50%嘧菌环胺水分散粒剂1 500倍+55%嘧霉·多菌灵可湿性粉剂600倍+三硅氧烷乳油3 000倍混合液喷施叶面。发病初期,可喷50%腐霉利可湿性粉剂1 000~1 500倍液,或25%乙霉威可湿性粉剂1 000~1 500倍液,或50%乙烯菌核利可湿性粉剂600~800倍液,或50%灭霉灵可湿性粉剂600~800倍液,每隔7天喷1次,一般在盛花期开始喷,需连续喷3~4次。对瓜蔓病部除喷药外,还可以把上述药剂配制成高浓度溶液(20~30倍液)涂抹病部后再喷药,效果更佳。还可用10%腐霉利或15%腐霉利烟剂,于傍晚密闭温室进行熏烟,每667平方米每次用250克,每隔7天熏1次,连熏3~4次。

15. 黄瓜病毒病的危害症状及防治措施是什么?

黄瓜病毒病是由病毒侵染引起的系统性病害,不同年份发病的程度不同,春季保护地栽培和夏、秋季保护地栽培黄瓜均可发生,对黄瓜生长形成很大威胁,主要有花叶病毒病、皱缩型病毒病、绿斑型病毒病、黄化型病毒病等几种类型。

(1)危害症状

①*花叶病毒病*　幼苗期感病,子叶变黄枯萎,幼叶为深浅绿色相间的花叶,植株矮小。成株期感病,新叶为黄绿相间的花叶,病

叶小，皱缩，严重时叶反卷变硬发脆，常有角形坏死斑，簇生小叶。病果表面出现深浅绿色镶嵌的花斑，凹凸不平或畸形，停止生长，严重时病株节间缩短，不结瓜，萎缩枯死。

②皱缩型病毒病　新叶沿叶脉出现深绿色隆起皱纹，叶形变小，出现蕨叶、裂片；有时沿叶脉出现坏死。果面产生斑驳，或凹凸不平的瘤状物，果实变形，严重病株引起枯死。

③绿斑型病毒病　新叶产生黄色小斑点，以后变浅黄色斑纹，绿色部分呈隆起瘤状。果实上生深绿斑和隆起瘤状物，多为畸形果。

④黄化型病毒病　中、上部叶片在叶脉间出现褪绿色小斑点，以后发展成浅黄色，或全叶变鲜黄色；叶片硬化，向背面卷曲，叶脉仍保持绿色。

(2)发病原因　黄瓜病毒病主要由黄瓜花叶病毒(CMV)、烟草花叶病毒(TMV)和南瓜花叶病毒(SGMV)侵染所致。病毒随多年生宿根植株和随病株残余组织遗留在田间越冬，也可由种子带毒越冬。病毒主要通过种子、汁液摩擦、传毒媒介昆虫及田间农事操作传播至寄主植物上，进行多次再侵染。病毒喜高温干旱的环境，最适发病环境温度为20℃～25℃，空气相对湿度为80%左右；最适病症表现期为成株结果期。发病潜育期为15～25天。高温少雨，蚜虫、温室白粉虱、蓟马等传毒媒介昆虫大发生的年份发病重。防治媒介害虫不及时、肥水不足、田间管理粗放的田块发病重。

(3)防治方法

①选用抗病、耐病品种，播种前进行种子消毒　在选择品种时，应特别注意是否抗黄瓜花叶病毒和烟草花叶病毒。病毒病的病原有20多种，一个品种对所有毒源都有抗性是不可能的，应尽可能选择耐抗多种病毒病生理小种的黄瓜品种种植。播种前用55℃温汤浸种40分钟，或用10%磷酸三钠溶液浸种20分钟，或

用0.1%高锰酸钾溶液浸种30分钟，用清水洗净后催芽播种。

②留种　在无病区或无病植株上留种。

③农业防治　一是施足有机肥，增施磷、钾肥；二是适当多浇水，避免干旱，增加田间湿度；三是增施生物肥料，促进植株健壮；四是使用遮阳网降温、遮光；五是整枝打杈前后，用肥皂或来苏水洗净手，尽量不用手接触伤口；六是禁止抽烟者进行田间操作；七是发现已经感染的病株及时拔除，并在温室外深埋。

④及时防治传毒媒介昆虫　在蚜虫、粉虱、蓟马发生初期，及时用药防治，防止传播病毒。

⑤生态防治　提倡应用防虫网防止害虫侵入，采用黄板诱杀白粉虱、蚜虫。

⑥接种疫苗　采用弱病毒疫苗 N_{14} 和卫星病毒 S_{52} 接种幼苗，以提高植株的免疫力，预防病毒感染。

⑦药剂防治　目前对黄瓜病毒病尚无特效的防治药剂，因此从苗期就开始进行喷药预防非常重要。施用的主要药剂有20%盐酸吗啉胍·乙酸铜可湿性粉剂500～700倍液、20%宁南霉素水剂500倍液、0.5%菇类蛋白多糖300倍液、4%嘧肽霉素水剂200～300倍液、83-1增抗剂100倍液、6.5%菌毒清水剂800倍液等。可在定植后、初果期、盛果期各喷施一次。收获前5天停止用药。

16. 黄瓜根结线虫病的危害症状是什么？如何防治？

(1)为害症状　根结线虫危害作物根部，主要发生在植株根部的须根和侧根上，被害植株的须根和侧根端部形成球形或圆锥形大小不等的串珠状瘤状物，亦称“根结”。番茄的根结常在根上形成一串大小如小米或绿豆的珠状瘤，黄瓜根结则在侧根上形成大小不等的根瘤或根肿大。剖开瘤状物可见里面有透明、白色的如针头大小的颗粒，即为雌成虫。病株地上部分生长发育受阻，轻则症状不明显；重则生长缓慢，叶片发黄，植株较矮小，发育不良，结瓜小而少；随着病情的发展，植株逐渐变黄枯死。

(2)防治措施 防治根结线虫病，应采取预防为主，综合防治的措施。

①遏制病害初侵染源 防止人为串棚或借用农机具传播，将在发病地用过的农具如铁锹、瓜铲等和人员穿的鞋子擦洗干净，防止扩大传染。彻底清除病根，并集中处理。大棚或温室菜地在蔬菜收获后，立即清理土壤中的病残体，以减少病源，减轻发病程度。

②严把种子关 选用抗病、耐病品种。

③合理轮作 轮作换茬是一项经济易行的防治措施，可显著减少土壤中的线虫数量。如与葱、蒜类作物轮作，可起到减少虫口的作用。

④高温闷棚 一是采用太阳能石灰氮高温闷棚消毒法。利用夏季高温季节，不揭大棚膜，每667平方米撒入稻草或麦穰1 000～2 000千克，再在稻草或麦穰上撒施石灰氮（氰氨化钙）50～100千克，深翻地20～30厘米，尽量将麦穰翻压到下层，做高30厘米、宽60～70厘米的畦，地面用薄膜密封，四周盖严。对畦间灌水，而且要浇足浇透，日光温室用新棚膜完全密封，在夏季高温下闷棚30天左右，可有效杀灭各虫态线虫。闷棚结束后，将棚膜、地膜揭掉，耕翻土壤进行晾晒，即可定植。二是用35%威百亩水剂进行高温闷棚来杀死线虫。42%威百亩水剂是一种低毒、水溶性及灭生性土壤熏蒸剂，可防治线虫、土传病害，兼防杂草。多在夏季换茬季节施用，施药前先深翻土地，整地做畦，覆盖地膜，定植前17至18天，每667平方米随水冲施42%威百亩水剂30～40千克，密闭温室后闷棚15天，定植前2天要进行通风。该方法在杀死根结线虫的同时，土壤中的有益微生物也被杀死，因此要注意施入优质有机肥或复合肥，以尽快建立良好的土壤微生物环境。

⑤定植前进行土壤处理 对发生根结线虫的地块要进行化学

药剂防治，每 667 平方米用 10%噻唑磷颗粒剂 2～3 千克，或 2%阿维菌素颗粒剂 1.5～2 千克，与土充分混匀后在黄瓜定植前施入穴内或开沟施入，也可用 0.5%阿维菌素水分散粒剂穴施或沟施后定植。黄瓜定植后发病时用 2%阿维菌素乳油灌根或随水冲施，也可以用 1.8%阿维菌素乳油 2 500 倍液或 50%辛硫磷乳油 1 000倍液灌根防治。

17. 日光温室水果型黄瓜常发生哪些虫害？如何防治？

日光温室水果型黄瓜容易发生的虫害主要有蚜虫、白粉虱、红蜘蛛、美洲斑潜蝇和蓟马等。

(1)蚜虫 属同翅目，蚜科。

①为害症状 成蚜和若蚜均喜欢在瓜叶背面和嫩叶幼茎及生长点周围吸食汁液。瓜苗嫩叶及生长点被害后，因被害部位生长缓慢，未被害部位生长正常，所以造成叶片卷曲，生长点及嫩茎生长受抑制，严重者植株萎蔫枯死。蚜虫从植株中吸食大量汁液，并分泌蜜露覆盖叶面，使黄瓜的光合作用及呼吸作用受到影响。蚜虫为害严重时造成花蕾脱落，甚至植株干枯死亡。蚜虫还是传播病毒的媒介，能使黄瓜感染病毒病，导致产量降低，品质变劣。蚜虫对黄色有趋向性，对银灰色有忌避性。

蚜虫每年可发生 20 到 30 代。其年生活周期可分为“全周期型”和“不全周期型”。全周期型生活年史有一个雌、雄两性交尾产卵越冬阶段；不全周期型全年营孤雌卵胎生，缺两性生殖阶段，不产越冬卵，以蒲公英、苦菜及春季早发的杂草为越冬寄主。蚜虫生活周期短，增殖快，早春及晚秋 10 余天发生一代，春季 6～9 天发生一代，夏天 4 天左右发生一代。每头雌蚜可产仔 40～70 头。蚜虫繁殖的适宜温度为 16℃～22℃，25℃以上繁殖受到抑制。蚜虫喜旱怕雨，干旱少雨时易大发生。瓜蚜群落的兴衰常常受制于天敌，如有瓢虫、草蛉、寄生蜂等大量天敌，即使天气条件适宜，也不易形成大的蚜灾为害。

②防治方法　一是保护或放养蚜虫天敌，如七星瓢虫、十三星瓢虫、食蚜蝇、草蛉等。二是消灭瓜田周围的蒲公英、苦菜、早春杂草等蚜虫的越冬寄主。三是利用蚜虫的趋向性和忌避性，在瓜垄覆盖银灰色塑料薄膜；在田间插杆，杆上挂长 1.5 米、宽 8 厘米的银灰色塑料膜条，用以避蚜。根据有翅蚜的迁飞趋光性，可用涂有胶黏物质或机油的黄板诱蚜予以捕杀。四是合理施肥。蚜虫喜食碳水化合物，在黄瓜栽培过程中，要多用腐熟的农家肥和生物有机肥，尽量少用化肥。五是药剂防治。可用 20%吡虫啉可湿性粉剂 1 500 倍液，或 40%氰戊菊酯乳油 6 000 倍液喷洒。每 667 平方米用 20%啶虫脒乳油 16～20 毫升对水配成 2 000～2 500 倍液，或每 667 平方米用2.5%高效氟氯氰菊酯乳油 26.7～33.3 毫升，对水配成 1 200～1 500 倍液，或用 10%氯氰菊酯乳油 25～35 毫升对水配成 1 200～1 600 倍液喷杀。温室、大棚等保护地每 667 平方米用 1.5%虱蚜克烟剂 300 克，在棚内多点均匀分布，于傍晚点燃后密闭温室熏蒸 12 个小时，而后通风排烟。当蚜虫为害达到防治指标需要用药时，也应在植株的受害部位如植株的生长点、嫩叶、幼茎等处用药，做到有的放矢，以充分保护天敌。

(2)温室白粉虱　温室白粉虱又名小白蛾，属同翅目，粉虱科。

①为害症状　以成若虫群集叶片背面吸食汁液，受其为害的叶片褪绿变黄，植株生长衰弱，甚至全株枯死。成若虫排出的粪便污染叶片，易引起煤污病。白粉虱以各种虫态在日光温室内繁殖、为害并度过冬天，具有趋黄性，一年内发生 10～12 代，3～5 月份为发生高峰期，6 月份随外界气温的升高逐渐向露地迁移。10 月中旬以后，随着气温的下降，又从露地向日光温室迁移。

②防治方法　一是在前茬作物收获后，及时清除日光温室内的残枝败叶及杂草，深翻土地，注水浸泡，消灭落在地上的虫卵，压

低虫源基数。利用害虫对寄主的爱好程度,可在扣棚后,在日光温室的田边田角上种植番茄、黄瓜等寄主植物作为诱集物,将迁进棚室越冬的成虫吸引到诱集植物上,用农药或其他方法将其集中彻底消灭。同时,注意合理安排茬口,切断害虫食品链。棚室第一茬应先选择一些非寄主性或劣寄主性的蔬菜如菠菜、茼蒿、甘蓝等,使害虫因缺乏寄主或营养不良而产生量受到限制。种植不带虫、卵的幼苗,在幼苗移进日光温室前先消灭苗上所带的虫源。结合作物的整枝修剪,将带有大批虫卵的老叶老枝在蛹羽化前及时剪掉并清除出日光温室。二是物理防治。利用成虫的强烈趋黄性,在棚室黄瓜的整个生产期间,于田间设置黄色粘板诱集成虫。具体应用方法是:把黄色(色彩为浅黄色最佳)广告板裁成 15 厘米×20 厘米的小方块,涂上油或胶,挂在间隔寄主植物 15～20 厘米高度处,挂板间隔为 1 米×1 米。在成虫产生高峰期每 3 天换 1 次板。一般成虫喜欢中午 12 时后开始飞翔运动,此时可用长竹竿轻轻拍打植物叶片,惊飞成虫,扑向黄板。特别是在黄瓜采收上市时期,为了保证产品质量,尽量少用化学农药。三是化学防治。白粉虱世代重叠严重,往往成虫、若虫、卵和伪蛹同时存在,而目前生产上还没有对所有虫态都有效的药剂,故采用药剂防治时必须连续、多次施药,以提高防治效果。喷药时间以早晨为好,先喷叶面,后喷叶背,使惊飞起来的白粉虱落到叶片表面触药而死。常用的药剂有如下几种:10%噻嗪酮乳油 1 000 倍液,对卵和若虫有特效,但对成虫基本无效;2.5%联苯菊酯乳油 3 000 倍液,可杀灭成虫、若虫和蛹,但对卵效果不明显;25%灭螨猛乳油 1 000 倍液,对成虫、卵、若虫均有效。

(3)红蜘蛛 红蜘蛛学名叶螨,属蛛形纲叶螨科,为害黄瓜的红蜘蛛主要是棉红蜘蛛。

①为害症状 叶螨是杂食性害虫,寄主繁多,为害面广。主要以若虫和成虫在黄瓜叶背面吸取汁液。受害初期,叶面出现黄白

色斑点和红斑。为害严重时,叶片正、背两面和茎蔓间均布满丝网,严重影响叶片的光合作用和植物的生理功能,叶片逐渐由绿变黄,最后全叶变黄、枯焦,最后死亡,对黄瓜产量及品质造成很大影响。气温高及空气干燥时,有利于红蜘蛛的发生和流行。红蜘蛛靠爬行、风吹和流水等方式传播和蔓延。瘦弱植株的叶片中可溶性糖含量高,有利于叶螨繁殖。连作田螨源丰富,也是叶螨成灾的条件。但叶螨是否成灾,除其他条件外,还与天敌有关。如捕食性螨、捕食性蓟马、草蛉、食螨瘿蚊、小花蝽、小黑瓢虫、姬猎蝽、草间小黑蛛、三突花蛛等,它们如有一定的数量,对叶螨种群、数量有明显的抑制作用。

②防治方法　一是保护或放养天敌,可增强其对红蜘蛛种群的控制作用。二是药剂防治。可用20%四螨嗪可湿性粉剂2 000倍液,或15%哒螨灵乳油2 000倍液,或1.8%阿维菌素乳油6 000～8 000倍液,或73%炔螨特乳油3 000倍液,1.8%农克螨乳油2 000倍液进行喷施,均可达到理想的防治效果。

(4)美洲斑潜蝇　该虫成虫体长2毫米,幼虫体长不足3毫米,属双翅目,潜蝇科。它是1993年传入我国的一种国际性检疫害虫,除为害黄瓜外,还可为害瓜类、十字花科和豆类蔬菜等多种作物。

①为害症状　该虫主要为害叶片,成、幼虫均可为害。成虫咬食叶肉,幼虫钻入黄瓜叶肉内部吞食叶肉组织并形成“隧道”。黄瓜叶片受害后生理功能下降,造成减产。

②防治方法　一是彻底清除温室前茬的残枝落叶,集中烧毁,消灭虫源。二是采用黄板诱杀。每667平方米温室挂30～40块20厘米×20厘米的黄板,其上涂抹一层机油以诱杀蚜虫。每7～10天重涂1次。三是用灭蝇纸诱杀成虫。在成虫始盛期至盛末期,每667平方米设置15个诱杀点,每个点放置一张诱蝇纸诱杀成虫,每隔3～4天更换一次。四是药剂防治。为害初期,即幼虫

2 龄前，当受害植株某叶片有幼虫 5 头时使用 40%绿菜宝乳油 1 000～1 500 倍液，或 1.5%阿维菌素乳油 3 000 倍液，或 1.8%爱福丁乳油 3 000 倍液，或 48%毒死蜱乳油 1 000 倍液喷雾防治；或用蝇蛆净可湿性粉剂 1 500～2 000 倍液，或 98%杀螟丹原粉 1 000～1 500 倍液喷雾。产卵期或孵化初期，每 667 平方米用 48%毒死蜱乳油 50～75 毫升对水配成 500～800 倍液，或每 667 平方米用 20%氰戊菊酯乳油 15～25 毫升对水配成 1 500～2 500 倍液，或每 667 平方米用 25%喹硫磷乳油 50～70 毫升对水配成 600～800 倍液喷雾。如果用 0.6%的阿维菌素乳油 1 000 倍液，或用 3%啶虫脒乳油 3 000 倍液＋阿维菌素 1 000 倍液喷雾，效果较好。美洲斑潜蝇等害虫繁殖迅速，极易传播，应该注意实行联防，以便提高总体防治效果。

(5)蓟马 为害黄瓜的蓟马为瓜亮蓟马，属缨翅目蓟马科，是一种杂食性害虫，一年四季均有发生。近年来，蓟马在日光温室黄瓜上发生较重，是黄瓜生长中的主要虫害之一。其成虫体长 1～1.3 毫米，浅黄色至深褐色，翅细长、透明，周缘有很多细长毛。卵长 0.2 毫米，肾脏形，逐渐变成卵圆形。若虫体形似成虫，浅黄色，1～2 龄尚无翅芽，3～4 龄则翅芽明显。发生高峰期在秋季或入冬的 11～12 月份，翌年 3～5 月份则是第二个高峰期。雌成虫主要行孤雌生殖，偶有两性生殖，极少见到雄虫。雌成虫寿命 8～10 天。卵期在 5～6 月份，为 6～7 天，一年可繁殖 17～20 代。若虫在表土化蛹。成虫极活跃，善飞能跳，可借自然力迁移，对蓝色具有趋向性。成虫怕强光，多在背光场所集中为害。阴天、早晨、傍晚和夜间才在寄主表面活动。正因为如此，蓟马很难防治，当用常规触杀性药剂时，白天喷不到虫体而难以奏效。蓟马喜欢温暖、干旱的天气，当温度为 23℃～28℃、空气相对湿度为 40%～70%时有利于其活动和为害；湿度过大不能存活，当空气相对湿度达到 100%、温度达到 31℃时，若虫死亡。在雨季，如遇连阴多雨，能导致若虫死亡。大雨后或浇水后致使土壤板结，使若虫不能入土化蛹和蛹不能孵化成虫。

①为害症状　蓟马以成虫和若虫移动性大，繁殖力强，主要锉吸植株幼嫩组织（枝梢、叶片、花、果实等）汁液，喜栖息于花瓣与萼片重叠处，取食花瓣与萼片之边缘，使受害花朵失色，使花瓣造成白色斑点，花瓣扭曲，皱缩；幼嫩果实受害后会硬化，严重时造成落果，从而严重影响产量和品质；嫩叶嫩梢受害，组织变硬、缩小，新叶无法正常伸展，节间缩短，植株生长缓慢。

②防治方法　一是物理防治。早春清除田间杂草和枯枝残叶，集中烧毁或深埋，消灭越冬成虫和若虫；加强肥水管理，促使植株生长健壮，减轻为害；利用蓟马趋蓝色的习性，在田间设置蓝色粘板诱杀成虫，粘板张挂高度与作物生长点持平。二是化学防治。根据寿光市菜农的经验，用480克/升乙基多杀菌素悬浮剂1 500倍＋60%多杀霉素悬浮剂10 000倍＋三硅氧烷乳油3 000倍混合液喷雾防治。也可选择0.3%苦参碱水剂1 000倍液，或25%吡虫啉可湿性粉剂2 000倍液，或5%啶虫脒可湿性粉剂2 500倍液，或10%吡虫啉可湿性粉剂1 000倍液，或5%噻螨酮粉剂或乳油1 500倍液，或20%复方浏阳霉素乳油1 000倍液，或2.5%多杀霉素悬浮剂1 000～1 500倍液喷雾。为提高防效，农药要交替轮换使用，选择在傍晚喷雾防治。在喷雾防治时，应做到全面、周到、细致，以减少残留虫口。

九、水果型黄瓜的采收和销售

1. 水果型黄瓜如何做到适时采收?

适时采收早春及秋延茬水果型黄瓜,利用采收嫩瓜进行植株调整。生长势弱时应早收,生长势强时可适当晚收;气温降低后要轻收,并可适当延后采收。越冬茬黄瓜因生长季节内温度低,日照时间短,有利于雌花分化,应及早采收,当花已开始凋谢时即可采收,用剪刀割断瓜柄,注意轻拿轻放。

2. 水果型黄瓜如何分级包装?

水果型黄瓜小巧玲珑,其外观鲜绿、线条流畅、表面光滑,便于清洗;口感脆甜、鲜嫩,瓜味浓郁,品质上乘,更加适于鲜食,深受广大消费者的喜爱。目前,水果型黄瓜在各大中城市的超市和中高档餐饮行业中都占有重要位置。为了便于水果型黄瓜消费,创造更好的经济效益,在销售前应对其进行分级和包装,即将收获的产品根据其质量分成不同的级别,并用纸箱或泡沫箱进行包装销售。或将水果型黄瓜装入保鲜盘后,再用保鲜膜密封后进入市场。

3. 水果型黄瓜如何实现品牌销售?

实现水果型黄瓜品牌销售可以提高黄瓜的商品价值和产品的附加值,大大提高其经济效益。那么,如何实现其品牌销售呢?一是要依托农民专业合作经济组织或农业生产企业建立起自己的水果型黄瓜生产基地;二是基地内水果型黄瓜的生产要做到标准化、规范化并对基地实施认定;三是对基地内生产的水果型黄瓜注册商标;四是申请无公害农产品、绿色食品或有机食品的认证;五是对产品进行检测，并附具检测报告；六是实行产品包装上市，并标明产品的品名、产地、生产者、生产日期、保质期、产品质量等级、联系方式等内容；七是实行农超对接(即农产品生产者直接把自己生产的产品卖给超市)、农宅对接(即农产品生产者直接把自己生产的产品供应给消费者)销售，尽可能减少流通环节。

图说甘蓝高效栽培关键技术 16.00
茼蒿蕹菜无公害高效栽培 8.00
红菜薹优质高产栽培技术 9.00
根菜类蔬菜周年生产技术 12.00
根菜类蔬菜良种引种指导 13.00
萝卜高产栽培(第二次修订版) 5.50
萝卜标准化生产技术 7.00
萝卜胡萝卜无公害高效栽培 7.00
提高萝卜商品性栽培技术问答 10.00
萝卜胡萝卜病虫害及防治原色图册 14.00
提高胡萝卜商品性栽培技术问答 6.00
马铃薯栽培技术(第二版) 9.50
马铃薯高效栽培技术(第2版) 18.00
马铃薯稻田免耕稻草全程覆盖栽培技术 10.00
怎样提高马铃薯种植效益 8.00
提高马铃薯商品性栽培技术问答 11.00
马铃薯脱毒种薯生产与高产栽培 8.00
马铃薯病虫害及防治原色图册 18.00
马铃薯病虫害防治 6.00
马铃薯淀粉生产技术 14.00
马铃薯芋头山药出口标准与生产技术 10.00
瓜类蔬菜良种引种指导 16.00
瓜类蔬菜制种技术 7.50
瓜类豆类蔬菜施肥技术 8.00
瓜类蔬菜保护地嫁接栽培配套技术120题 6.50
瓜类蔬菜病虫害诊断与防治原色图谱 45.00
黄瓜高产栽培(第二次修订版) 8.00
黄瓜无公害高效栽培 9.00
黄瓜标准化生产技术 10.00
怎样提高黄瓜种植效益 7.00
提高黄瓜商品性栽培技术问答 11.00
大棚日光温室黄瓜栽培(修订版) 13.00
寿光菜农日光温室黄瓜高效栽培 13.00
棚室黄瓜高效栽培教材 6.00
图说温室黄瓜高效栽培关键技术 9.50
无刺黄瓜优质高产栽培技术 7.50